NF文庫
ノンフィクション

新装版

フォッケウルフ戦闘機

ドイツ空軍の最強ファイター

鈴木五郎

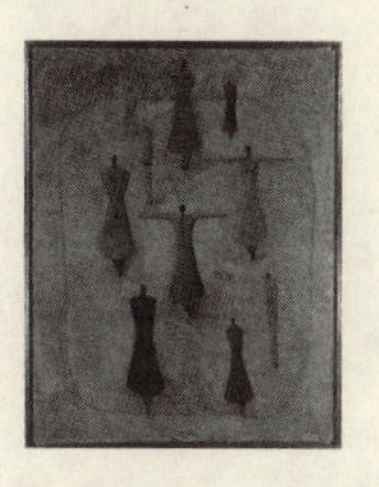

潮書房光人新社

はじめに

第二次大戦の前夜から戦中にかけて、ドイツ航空界の発達と活動は、まさに驚異的であった。その航空技術と工業力および戦闘力は、四発爆撃機とレーダー網の開発遅れというハンデはあったが、敵側のイギリス、アメリカ、ソ連などを心から敬服させたのである。

とくにジェット機、ロケット機、超音速機、ミサイルの技術は、戦後、各国で奪い合いとなった。当時、世界水準まできていたという日本の技術など、それに比べれば影の薄い存在だったといっていい。

もちろん、戦争仕掛人としてのナチス・ドイツ批判もあるであろうし、ヒトラー、ゲーリング首脳部の無定見と傲慢、錯誤にいまさらのごとく業(ごう)を煮やす人もあろう。

だが、その失態はともかく、ユンカース、ドルニエ、ハインケル、メッサーシュミット、フォッケウルフ、アラド、ヘンシェルなどのメーカーが、総力を結集してすぐれた軍用機を開発し、実用性ある機体としてぞくぞくと東西戦線に送り込んだ実績は偉大である。さらに、メルダース、ガーランド、ノボトニー、ベール、ハルトマン、マルセイユら、多くの勇猛な空中戦士を得て、彼らの名を不朽のものとしたのはうらやむべきことであった。

しかしなんといっても、軍用機の花形、制空権の覇者は戦闘機で、量産向きのメッサーシュミット社が航空省御用達となり、ダッシュ力抜群な単座のMe109（メッサーシュミットMe109は初めバイエリッシュ社〈BFW〉でつくられたのでBf109と称していたが、一九三八年に社名をメッサーシュミットと変えてからMeを使うようになった）、複座のMe110を駆使して、後世に名をとどめたが、これらは運動性と航続力に欠け、やや泥臭い。ライバルだったハインケル社の単座He100などは、スタイルもよく性能もよかったが、航空省に気に入られず採用されなかった。

〃バトル・オブ・ブリテン〃（英本土航空決戦）を境に、メッサーシュミットMe109が「スピットファイア」に押されはじめたとき、助っ人として登場したのが異色メーカーとして有名だったフォッケウルフ社のFw190である。

それはドイツ戦闘機としては、初の空冷星型エンジンをつけた機体で、快速と良好な運動性でたちまち英仏海峡を制圧した。

よくまとまったスタイルは、日本陸軍の一式（「隼」）、二式（「鍾馗」）、四式（「疾風」）という中島系の戦闘機に似ている。

その後、「スピットファイア」の改良型とメッサーシュミットMe109およびフォッケウルフFw190の改良型は、互いにシーソーゲームをくり返したが、ことばを代えていえば、Fw190は敵「スピットファイア」のライバルであると同時に、味方Me109のライバルにもなったということができよう。

こうして戦争末期、エンジンを液冷式に換えてぐんと性能をアップしたFw190DおよびTa152は、イギリスの新戦闘機ホーカー「タイフーン」はもちろん、第二次大戦で最優秀戦闘機と評価された、アメリカのノースアメリカンP51「ムスタング」にもまさるものがあって、プロペラ戦闘機の最高峰に達していたという。

ドイツ機の各部にみられるすぐれたアイデアや装置、実用性は非常に高く評価されており、戦後、ドイツと日本へ派遣されたアメリカの航空技術調査団の結論では、「ドイツからはいろいろ学ぶべきところがあったけれども、日本からはほとんど得るものはなかった。日本機で最高の評価を与えられるものは、二式飛行艇（川西製）だけである」ということだった。このドイツ航空技術のトップを示したFw190が、ナチ空軍幹部のメッサーシュミット優先という情実にあって、持てる力をフルに発揮し切れず、また出陣のタイミングもずれて、戦闘機のグランド・チャンピオンとなることができなかった。連合軍のノルマンディー上陸に際し、Fw190がたった二機で迎撃したということにこの戦闘機のもつ宿命を思う。

われわれは、Fw190にドイツの業（ごう）を背負った悲劇性を見出し、栄光の「スピットファイア」やP51とは異なった〝反骨〟の名機という魅力を感じとるのである。だから、そこにつきつめた深刻さというものはない。日本でいえば、太平洋戦争後半の「疾風」といったところであろうか。

すでに大戦終了後半世紀以上を経た現在でも、フォッケウルフFw190の人気は衰えていない。いや、プロペラ機の復古ムードにのって、その再評価されるところはますます大きい。

日本へも戦時中、そのA-5型一機が輸入され、陸軍でテストされており、これに乗った人、整備した人、評価した人はまだ存命している。そうしたことから、本書はFw190を懐かしむファン、もっと知りたいファンのため、できるだけ多角的にとらえたものである。

フォッケウルフ戦闘機——目次

フォッケウルフFw190A-8の構造図

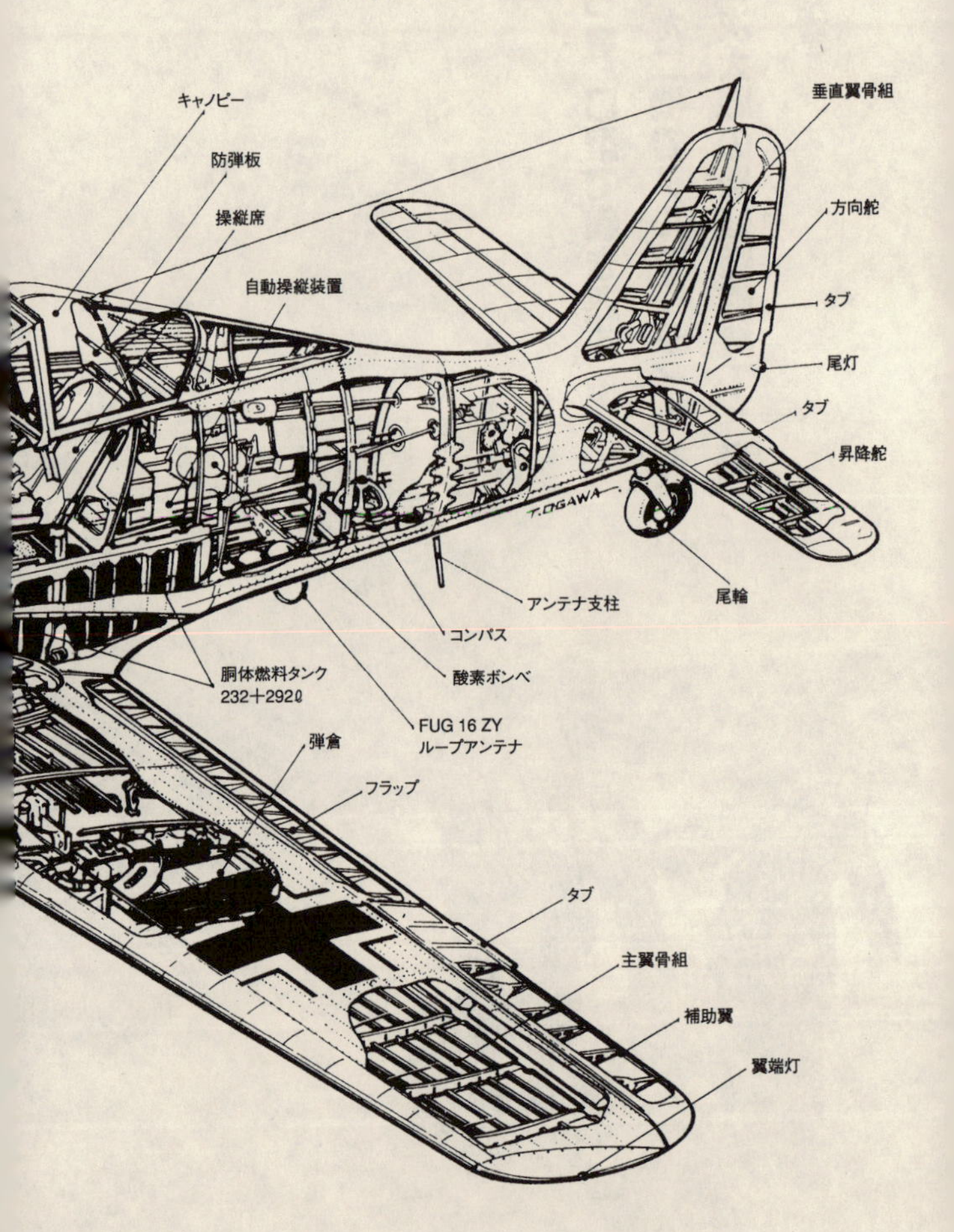

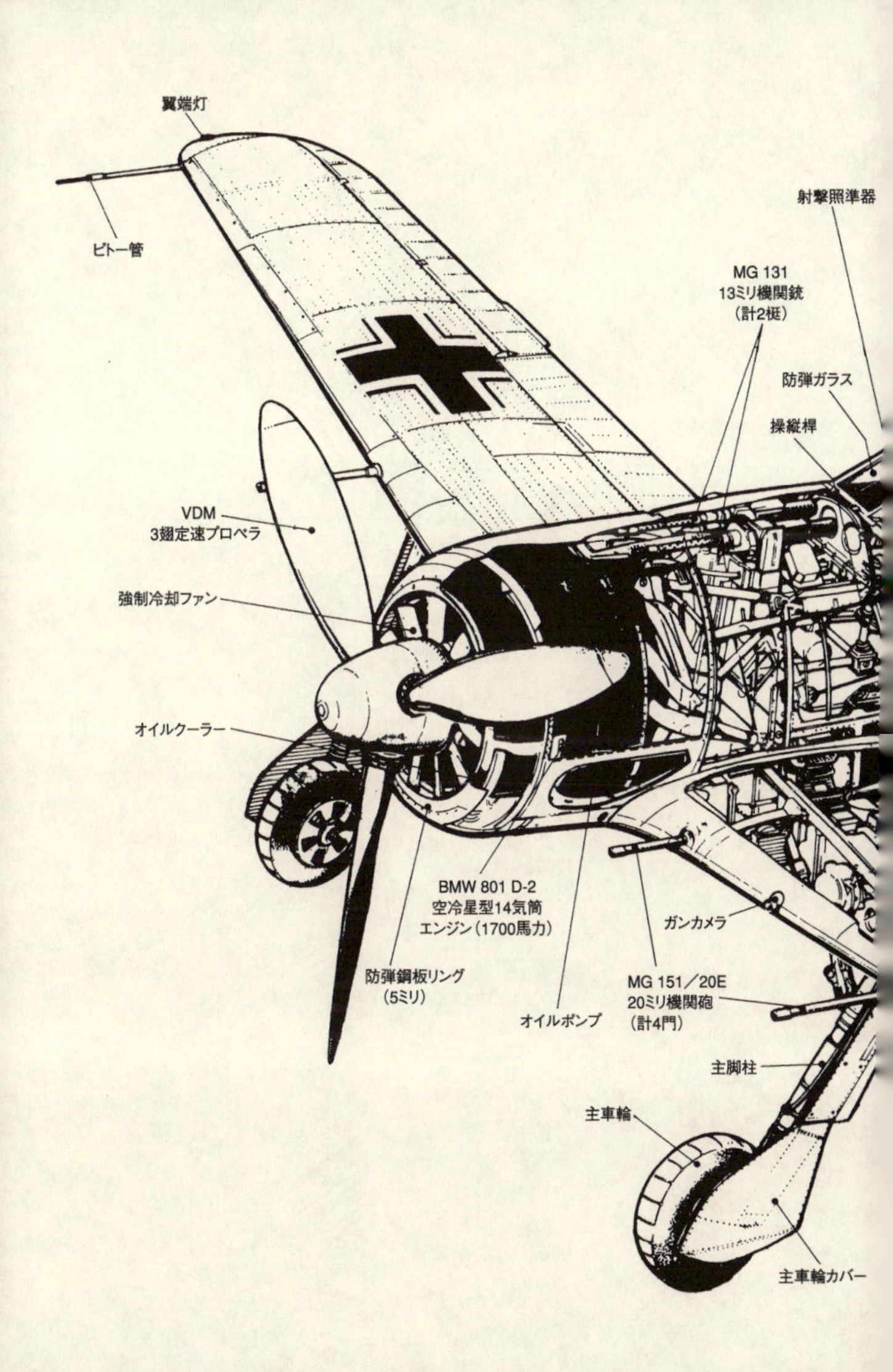

翼端灯
ピトー管
射撃照準器
MG 131
13ミリ機関銃
（計2梃）
防弾ガラス
操縦桿
VDM
3翅定速プロペラ
強制冷却ファン
オイルクーラー
BMW 801 D-2
空冷星型14気筒
エンジン（1700馬力）
ガンカメラ
防弾鋼板リング
（5ミリ）
MG 151／20E
20ミリ機関砲
（計4門）
オイルポンプ
主脚柱
主車輪
主車輪カバー

フォッケウルフ戦闘機

ドイツ空軍の最強ファイター

① フォッケウルフ社の誕生

フォッケウルフというと、若い人たちにはキツネかオオカミのたぐいに聞こえることであろうが、これはドイツの航空機メーカーの名で、ハインリッヒ・フォッケと、ゲオルグ・ウルフという二人の名前を合わせた呼称なのである。

ヒコーキ野郎の出会い

ドイツのオットー・リリエンタールがグライダーづくりに熱中しているころ、つまり一八九〇年（明治二十三年）十月八日、ハインリッヒ・フォッケはブレーメン市に生まれた。十歳になったとき、ハインリッヒ少年は父の書斎で、リリエンタールについての本を読んでいたところ、巻末に「リリエンタール、一八九六年八月十九日墜死す」と記入されているのを見つけ、強い衝撃を受けた。つまりこれが、彼の航空へ関心をもったそもそものはじまりだった。

そして一九〇三年（明治三十六年）十二月十七日の、ライト兄弟による初の動力飛行を知るに及び（このニュースの詳細がドイツに達したのは翌年になってから）、ハインリッヒ少年の頭の中は、もう飛行機のことでいっぱいになった。

こうしてついに、一九〇八年には手製の小さなハング・グライダーを作って、滑空飛行をするまでになった。

さらに一九一〇年の夏、友人のキルヒホフ、ティーマンらとともに、手づくりの小型飛行機を製作し、当時のドイツの数多いパイロットの一人、オスカー・ミューラーから小型エンジンをもらいうけて飛ばそうとした。しかしこれは重量オーバーだったのか、大地から離れることはできなかった。

これより前、一九〇九年七月二十五日、フランスのブレリオは英仏海峡を初横断してデーリー・メール社の懸賞金を獲得、同年十一月には、同じフランスのアンリー・ファルマンが自作複葉機で四時間六分二五秒、距離一一五マイル（約一八五キロ）を飛ぶといったように、アメリカからフランスに移った飛行熱は、上昇の一途をたどっていた。またドイツでも、これに刺激されてグラーデ単葉機、タウベ単葉機、ライト改良複葉機が飛びまわる（グラーデの一機は日野大尉が持ち帰り、徳川大尉のファルマン機とともに翌年の暮れ、日本初飛行を行なう）。

もういてもたってもいられないフォッケは、高等工業学校に進むと、一九一一年の学期末、友人のコルトホッフと力を合わせて小さい無尾翼機を作り、八馬力エンジンをとりつけて飛ばそうとしたが、やはり地上をはいまわるだけだった。

「ずいぶん軽く作ったつもりなのに、エンジンをフルにまわしても浮かばないなんて、どう

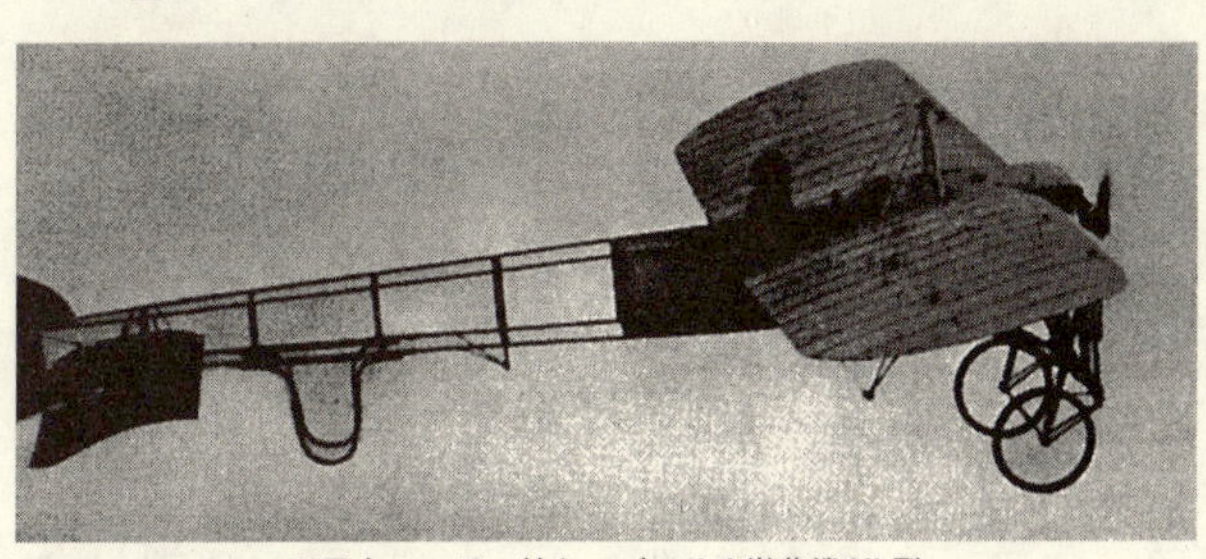

50馬力エンジン付きのブレリオ単葉機XI型

したんだろうね、ハインリッヒ」

「やはりエンジンの力が弱いんだよ」

「ぼくは学業に戻らなければならないが、できるだけ協力するよ」

　と、いささかがっかりした二人が、飛行機を仕事場に戻して反省していると、そこへ一人の背の高い少年がたずねてきた。

「フォッケさんですね。ぼくはゲオルグ・ウルフといい、この町の工場で見習工をしていますが、飛行機が好きでたまらず、お手伝いにやってきたのです」

「ほかにも飛行機をつくっているりっぱなところがあるのに、なぜここへ？」

「いいえ、ぼくはまだ十六歳ですから、この仕事をするのならフォッケさんのような、青年で新進のもとで働きたいと思って」

「しかしたいへんだよ、まったく資金がないんだから」

「ぼくのおこづかいを、ぜんぶ出します」

　ゲオルグ少年の真情こめたことばに、フォッケの心はきまった。

〈よし、このウルフ君なら、苦労をともにして、飛行機をつくってくれるにちがいない。将来のドイツ航空のために……〉

フォッケとウルフの若いヒコーキ野郎コンビは、ここでかたく手を握り合ったのである。

見のがしてもらった小型機製作

乏しい財力での飛行機づくりは、たとえ小さな機体でもたいへんだった。二人は一〇マルク、二〇マルクとこづかい銭を出し合って、部分品を注文し、ベンジンやオイルを買った。まったく金がなくなると、フォッケは学校の先生に内職の世話をたのみ、こづかい銭をかせいでそれに当てた。

フォッケの設計したのは、のちの第一次大戦にも登場したドイツのタウベ単葉機と似た、鳩型の小型単葉機で、前二回の失敗による教訓から、エンジンは強力なものにすることを予定していた。

そこでふたたび、オスカー・ミューラーに事情をうちあけたところ、

「きみたちの若い情熱には感心した。こんどは強いエンジンを寄付するから、飛べることはまちがいないだろう。がんばれよ」

と、実に五〇馬力の「アルグス」エンジンを無償で提供してくれたのである。

フォッケとウルフは感激して、鳩型飛行機を分解し、自転車でせっせと練兵場へ運んでいった。

組み立てを終わって、エンジンとプロペラをつけた機体に、二人は飛ばずして「成功！」と感じたという。

事実、フォッケとウルフの操縦ですぐにジャンプ飛行、二〜三メートル飛行を終え、五メ

ートルの高さで練兵場を半分ほど飛んだとき、二人は歓喜と興奮にふるえた。

ときに一九一三年（大正二年）のことであるが、翌年の夏には六〇メートルの高さで、野外飛行もできるようになり、ブレーメン市でも大きな話題となっている。

ルンプラー・タウベ単葉機

しかし間もなく、着陸操作の失敗で大破してしまい、すぐにかわりの飛行機をつくり始めたとき、第一次大戦が勃発した（一九一四年七月二十八日）。

フォッケは徴兵され、歩兵として西部戦線に出征したが、飛行機の操縦ができる者というのですぐに飛行隊へ転属され、第一線パイロットとして勤務した。戦闘隊であったか、爆撃隊であったかはわからないが、彼は、北フランスの戦場ライム付近で墜落し、負傷してしまった。

そのため大戦末期の一九一七年、ベルリンのアドレルスホフの飛行機製作所へ回され、彼本来の飛行機づくりに専心できるようになる。これこそ願ってもないチャンスといえよう。

またウルフも、爆撃機のパイロットとして出征し、戦い抜いて休戦と同時に帰ってきた。つまりフォッケとウルフは、戦争という危険を代償に航空上の貴重な経験を積んだわけで、ともに復員してみればまた協力して飛行機づくりに励もうとするのは当然のなりゆきであった。

しかし、敗戦による困窮のどん底に追い込まれたドイツで、この二人の念願を果たそうとするには、なみたいていでない努力が必要だった。

「ハインリッヒさん、こわれた中古エンジンを引き取れるんですが、持ってきましょうか」

「えっ、それはありがたい。さっそくきみの部屋に運びこんでくれ。なにがなんでも、前から計画の小型輸送機を試作するため、がんばらねばならないよ、ゲオルグ君」

「そうですね。街頭からでも部品に使えるものがあれば拾って……」

「資金がなくたって何とかなるさ」

一九一九年の春、二人はほんとうに、大胆にも飛行機づくりを始めたのである。しかしフォッケが、ハンノーフェルの学校に通っていたため、ウルフの部屋(工作所)に毎日行くことはできず、休暇に全力をあげてつくるしかなかった。

そこへ、突然、とんでもない災厄がふりかかった。ベルサイユ条約によって、飛行機の製造をすべて禁止されてしまったのである。

たとえ町工場のようなところでも、エンジンのついた飛行機をつくることは、いっさいまかりならぬというのだ。

もし監視員に見つかって、せっかく血と汗でつくりはじめた機体の一部を没収されでもしたら、もう立ち上がれないかもしれない。

あわてた二人が、フォッケの父親に事情を話したところ、すぐにブレーメン市の博物館の地下室をあっせんしてくれ、無事に運びこむことに成功した。貨幣価値が下がり、大幅なインフレの中で、A7型と名づけた小型輸送機の製作をつづけることは、苦しみの連続だったという。

「ドイツに翼を与えるな！」という連合国側の監視の目はきびしく、怪しいとにらんだ工場には、ようしゃなくふみ込んで捜索していった。そしてついに、フォッケとウルフの地下室にも、フランスの監視員がはいってきた。

「うむ、エンジンつきの飛行機だな。馬力とデータをはっきり知らせてほしい」

と、はじめは厳重な態度であったが、これは取るに足らぬものと思ったのだろう。

「この程度なら、条約の規程には該当しない」

といった意味の証明書を置いて、片目をつぶって帰っていった。不安げに見守っていた二人の顔に、生気がよみがえったのはもちろんである。

旅客機採用とウルフの墜死

一九二〇年（大正九年）、学校を卒業したフォッケは、工学技師の資格をとり、ブレーメン市の機械工場につとめながら、ウルフとともにA7型機の製作を進めた。

そして一九二一年の冬、分解した機体を練兵場に運びこみ、テントの中で組み立てを終わった。

テスト飛行の当日は寒さがことのほかきびしく、エンジンをあたためて始動するのに手間どった。昼近くになると、「この飛行機は飛べないんだよ」と見物人たちは帰る始末。この情景は、日本の初飛行のときとよく似ておもしろい。

午後になって、A7型機はついに飛び上がった。二〇〇メートルの高さで一〇分間滞空したとき、長い労苦がむくわれたうれしさに、二人は手をとり合って泣いた。

ところがなんということか、その夜、雪嵐が襲ってきてテントは倒され、A7型機は無残にも破壊されてしまったのである。しかし、この試練にへこたれる二人ではなかった。つぎの年の夏には、またも同じ型の飛行機をつくりあげてしまった。

ハインリッヒ・フォッケ

ブレーメン市の上空一一〇〇メートルを、一六分間飛行したとき、市民は驚きの目をもってながめた。「アルグス」エンジンの軽快な音をひびかせて……すでに、フランスではニューポールNG29（日本陸軍で採用し甲式四型となった）が飛び回り、アメリカでもドゥリトル中尉がフロリダからカリフォルニアまで、途中一着陸の米大陸横断一日飛行を初めて行なうなど、航空界の進歩は急テンポであったが、敗戦国ドイツでたとえ軽飛行機であるにせよ、自力でつくって飛ぶのは、まことに珍しいことだったからである。

一九二二年五月五日、条件つきで飛行禁止令が解かれていたから、ドイツの航空当局はこのA7の良好な飛行結果に目をつけ、軽輸送機として使用を認めるという許可を与えた。しかし、工業化する資金がないため、またインフレの波がおさまらないので、しばらくは手がつかず二人をじりじりさせた。

ところが一九二三年の末になって、実業家や経営者がブレーメン市に集まり、経済会議を開いたとき、航空輸送に用いる国産機としてのA7型機に試乗した人たちは、みな「これはすばらしい小型輸送機だぞ」と感心した。

F19エンテ双発先尾翼機

その中の何人かが、フォッケとウルフに資金の援助を申し出たため、二人の念願は一挙に解決することになった。
すなわち一九二四年(大正十三年)一月、二人の名を一つにして「フォッケウルフ飛行機製作所」とし、九人の従業員で経営をはじめたのである。フォッケが製作部長、ウルフが経理部長となり、さっそくA7型を改良したA16型の設計製作にとりかかった。のちに航空界に大きく名をとどめた、フォッケウルフの始動であった。
その年の六月、A16型は早くも完成した。これはわずか四人乗りだが、経済的なのと丈夫な点が買われ、ブレーメン航空輸送会社に採用されたほか、他のも合わせて二三機を生産したから、大成功といっていい。
しかし、まだドイツの経済は混迷しており、いくつかの飛行機会社がつぶれる中で、フォッケウルフ社もまた苦難の道を歩まなければならなかった。フォッケウルフ製飛行機の特徴は、胴が厚く、翼断面が広く、片持式の一本桁を採用していることで、これが機体の堅牢さを誇る原因だった。一九二六年には片持式単葉の練習機S1型、S2型、さらに双発の練習機G18型、G22型を製作し、飛行学校へ供給している。

そして一九二七年には、彼らの最初の大型輸送機、A17型「メーベ」(かもめ)をつくった。これは二人の乗員と八人の乗客が乗れる高翼単葉機で、四五〇馬力エンジンを備えていた。これを改良してA29、A38の両型も製作された。

一九二六年一月に設立されたルフトハンザ・ドイツ航空は、一九二八年になってこのA17シリーズを一〇機買い入れ、パリ、チューリッヒ、コペンハーゲンなどの国際線に用いたが、それらの総飛行距離は六〇〇万キロにおよび、しかも一人の乗客の生命もそこなわなかったから、「私のあらゆる記録の中で、もっとも輝かしいものだ」というフォッケの誇らしいことばも当然であろう。

しかし一九二七年(昭和二年)、リンドバーグ(アメリカ)がニューヨーク～パリ間の大西洋単独初横断飛行に成功して、世界中がわきにわいた四ヵ月後、彼らの上に最大の痛恨事が見舞った。九月二十九日、ゲオルグ・ウルフがF19「エンテ」をテスト飛行中、事故で命をおとしたのである。

フォッケとウルフが、飛行機製作を通じて結んだ若々しい感動的な友人関係は一五年間で終わってしまったが、その名は会社名とともに永久に消えることはない。

ジーメンス・ジュピター（510馬力）を搭載するA38メーベ旅客機

奇才・タンク技師が入社

信頼する片腕を失ったが、いつまでも意気消沈しているフォッケではなかった。一九三〇年にはいるまでに、「ハビヒト」（大鷹）、「シュペルベル」（はい鷹）、「ブッサルト」（くろとび）、「ファルケ」（鷹）などの中小型輸送機をつぎつぎに設計製作していった。とくにＦｗ43「ファルケ」は、一九三一、二年のヨーロッパにおけるもっともすぐれた輸送機といわれ、ユンカースＷ33の後継機となり、またフォッカー「ユニバーサル」輸送機と対抗していた。

これより先、一九二七年には、水平尾翼を機首に設けた双発の先尾翼機Ｆ19「エンテ」（鴨）を試作し、異色メーカーとしての片鱗を示した。これは一機しか作られず、ウルフを事故死させることにはなったが、操縦性はよく、好評だったという。太平洋戦争の終わりごろ、日本の九州飛行機が試作した先尾翼局地戦闘機「震電」（海軍）や、アメリカ陸軍の試作戦闘機カーチス「アセンダー」などのルーツをたどれば、このフォッケウルフ「エンテ」が二〇年近くも前にあるわけである。

一九三〇年にはいってから「キービッツ」（たげり）、Ｆｗ44「シュティーグリッツ」（ごしきひわ）、Ｆｗ56「シュテッサ

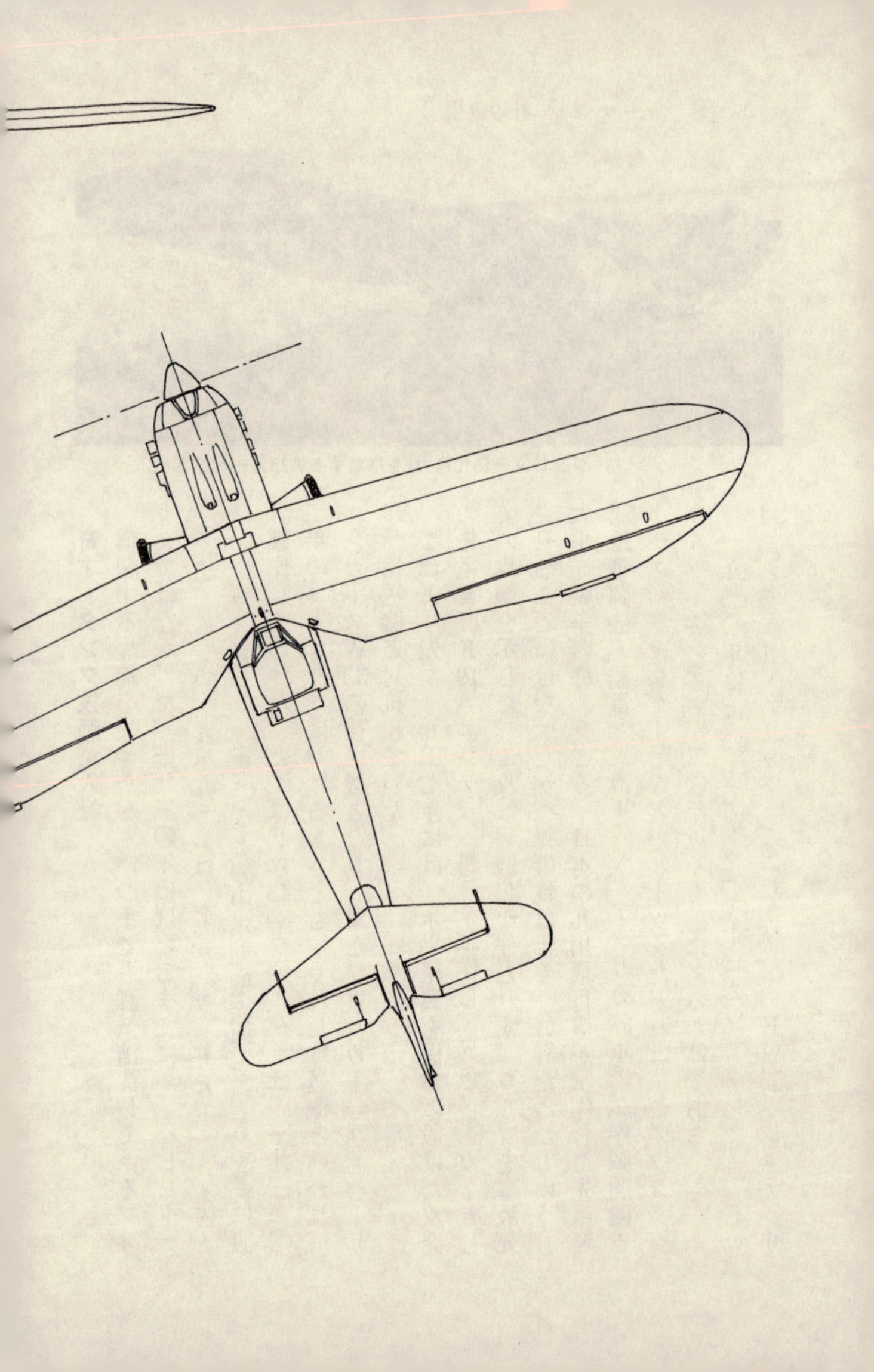

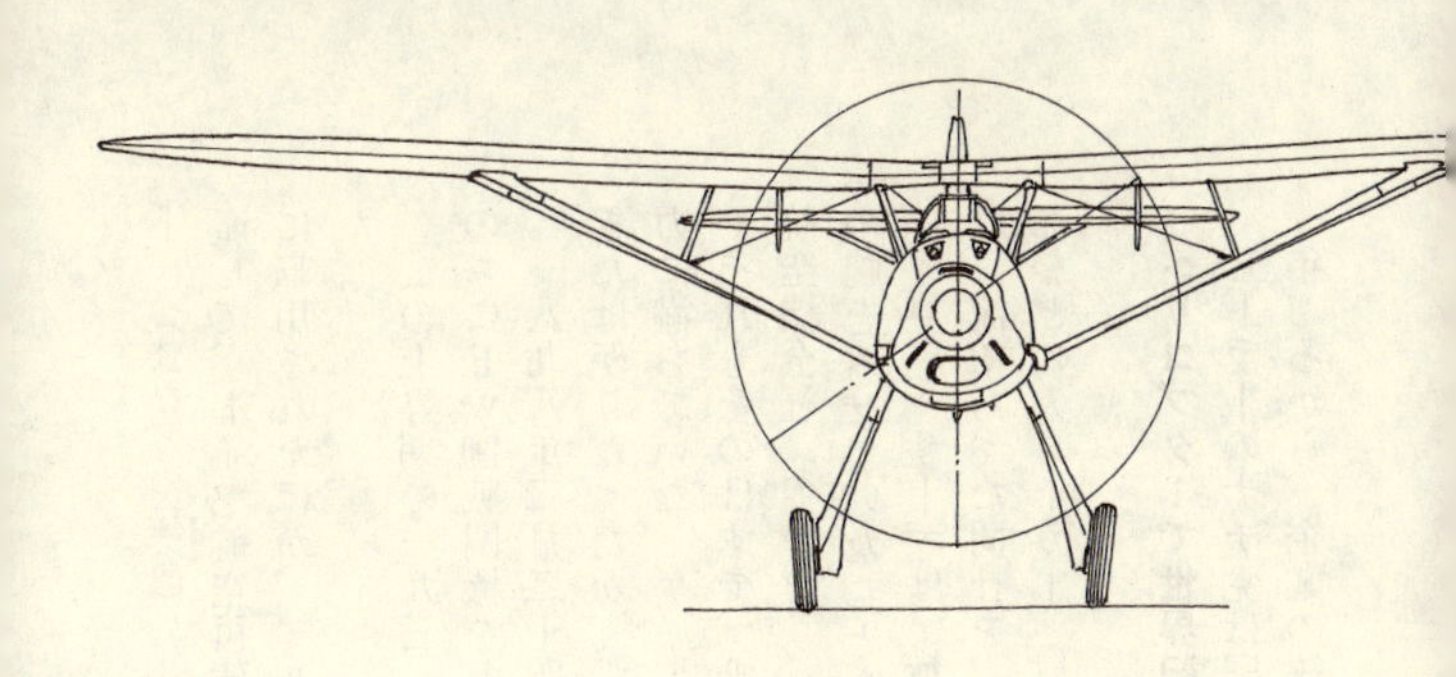

Fw56A－1シュテッサー

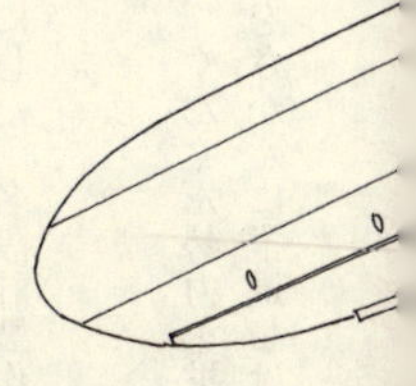

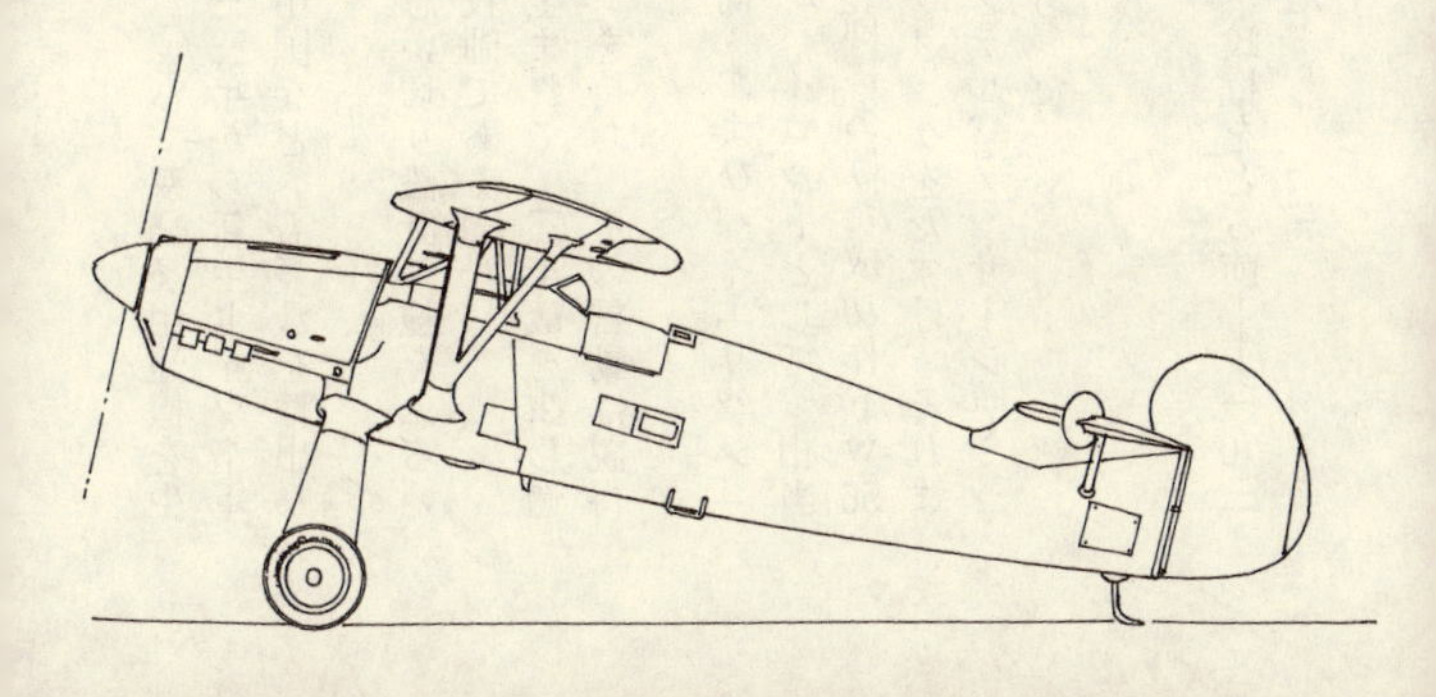

ー」（鷲などの猛禽）などの単発練習機、およびFw58「ワイエ」（とび）双発多用途機を生産して、ドイツ航空再建のためのパイロット養成用に当て、一九三三年から新生ドイツ空軍に転用されたほか、アルゼンチン、ブラジル、チリ、ボリビア、中国などへも多数を輸出した。

この上昇期の一九三一年七月、フォッケウルフ社にはいって、思い切り設計の腕をふるい、のちにFw190戦闘機をもって名をあげたのが奇才クルト・タンク技師である。一八九八年二月二十四日、ブロンベルク・シュベデンヘーへの生まれで、三十歳を少し過ぎたばかりだったが、飛行機の設計に関するすばらしい才能とカンを持ち、その言動は説得力に満ちていた。

それもそのはずで、飛行艇製作で有名なロールバッハ社（五年間）およびバイエリッシュ航空機会社（のちのメッサーシュミット）を経ての入社だった。彼がパイロットとして、相当の腕をみせていたことも、自信の裏付けとなっていたであろう。前にあげた成功作Fw56「シュテッサー」は、彼の処女作である。ウルフを失ったあとのフォッケをたすけ、それまで二流であった同社を、名実ともにユンカースやドルニエ、ハインケル、メッサーシュミットなどの大メーカーと肩をならべるまでにした、名設計製作者（デザイナー）であった。

ヘリコプターで世界記録を樹立

ヒトラーのナチ党は国民の支持を得て、ぐんぐん勢力を拡大し、政権をとる前——一九三一年ごろから、企業の統合拡大や再編成をさかんに推進しはじめた。

1936年に完成したフォッケアハゲリスFw61

航空産業もその例にもれず、伸び悩むメーカーは新進メーカーに吸収された。第一次大戦で有名なアルバトロス戦闘機や偵察機を生産していたアルバトロス飛行機製作所（ベルリンのヨハニスタール）も、経営不振のため維持が困難となり、フォッケウルフ社に合併されている。

規模を大きくしたフォッケは、輸送機や練習機ばかりでなく、戦闘機や偵察機などの軍用機も開発し、ドイツ空軍の再建に力をかすことを期していたが、それとは別に、古くから考案試作されていながら、いまだに完全な操縦性を備えたものが出ていないヘリコプターの分野を早くから手がけ、一九三一年には社内に、フープシュラウベル（ヘリコプター）研究所を置いて、自ら先頭にたって研究をつづけていた。そしてついに一九三七年、これをブレーメン市郊外のデルメンスホルストに独立させ、フォッケ・アハゲリス社としてヘリコプター部門の開発試作を進めることにしたのである。

すでにこの時期、フォン・バウムハウア（オランダ）の単一メイン・ローター（回転翼）式の影響を受けた草分け、シコルスキー（アメリカ）のテスト機、ド・アスカニオ（イタリア）のツイン・ローターで同軸反転式のもの、やはり同じ型式のブレゲー（フランス）など、数分から十数分の滞空飛翔を行なってはいたが、良好な操縦性をもち、確実に安定した飛行というのはどこにもまだなかった。

こうしたヘリコプターの長所、短所をじっとみつめ、いろいろな風洞実験とテストを重ねた結果、フォッケはツイン・ローターを同軸反転にせず、胴体の左右に支柱を張り出し、それぞれの上にローター翼をつけた二軸反転式がよいと結論した。

そこで試作されたのがフォッケ・アハゲリスFw61（のちにFa61と改称）で、一九三六年（昭和十一年）春の完成であった（ジーメンス空冷一六〇馬力エンジンを備え、各ローターの直径は七メートル、全備重量九五三キロ、最高時速一〇〇キロ）。

同年六月二十六日、ロールフス操縦士によって、二八秒間の滞空をしたのが最初のテストであるが、その後の改良によって一九三七年から三九年にかけて、ヘリコプターによる八種類の国際新記録をたてた。そのおもなものはつぎのとおりである。

航続時間　一時間二〇分四九秒
航続距離　二三〇キロ
高　度　三四二メートル
速　度　一二二・五キロ／時

一九三八年二月には、女流滑空飛行士として有名なハンナ・ライチェが、ベルリン室内体育館で公開デモンストレーション飛行を行ない、前進、後退、停止はもちろん、円旋回、8字飛行など優秀な操縦性を披露、満場の喝采を浴びた。

距離の二三〇キロは、同年六月にテスト・パイロットのボーデにより、ブレーメン市からベルリン近郊のラングスドルフまで飛んだ、当時としては驚異的な記録である。

なおフォッケは、航空技術の業績の大きいことが認められ、ブレーメン市の評議員会から教授(プロフェッソル)の称号をおくられたほか、一九三三年にはドイツ航空連盟の名誉会員、一九三七年にはドイツ航空アカデミー会員に推挙され、一九三八年にはリリエンタール記念牌をおくられている。

涙をのんだ双発戦闘機

フォッケウルフ社製作の最初の戦闘機は、ナチ空軍が一九三四年夏に行なった、単座戦闘機の試作競争入札(コンペチション)のときだった。

メッサーシュミット(当時はまだバイエリッシュ航空機会社といった)、ハインケル、アラドの各メーカーとともにフォッケウルフ社も参加して、パラソル型高翼単葉、液冷式(ユンカース「ユモ」六〇〇馬力)エンジン、胴体内後方引き込み式主脚という変わった戦闘機案を提出したが、メッサーシュミットのBf109とハインケルのHe112が残ったため落とされてしまった。ご存じのとおりこの二機種のうち、Bf109が勝って採用され、一九三六年一月に初飛行、翌三七年春からB型の増加試作と少数生産がはじまった。

フォッケウルフ社では、一応この機体―Fw159を完成させ、三七年夏のブリュッセル航空ショーに出品し、公開したが、最大時速が三八五キロ、上昇限度七二〇〇メートルと性能はあまりよくなかったので、それほど注目されずじまいであった(三機を試作)。

このようなことから、フォッケは少しじりじりしながらタンクにいった。

「ところで、クルト君、ここらでひとつ、あっといわせる機体を生産しないと、わが社のイメージ・アップにならないな。小型機にしても、大型機にしても……」

「まったくです。そこで私は、空軍当局とかけあって、例の双発単座戦闘機を強調したんですが、原型三機の受注に成功する見込みですよ」

「ほう、それはよかった。Ｆｗ187だったね。それから四発のＦｗ200のほうはどうなってる？」

「フォッケ社長、ルフトハンザ航空も、ぜひ試作するようにといってきました。あとは航空省のＯＫをとるだけです」

「がんばってくれ。アハゲリスのＦｗ61もそろそろ完成するので、よろしくたのむ」

アハゲリス社でヘリコプターのＦｗ61に忙しいフォッケが、タンク技師にこう頼んだ一九三六年はじめ、フォッケウルフ社は長打が出せずに、やや沈滞気味だったといえる。しかしそれは、飛躍へ構える静寂であって、同年春にはＦｗ187、Ｆｗ200の試作が開始されるにおよび、にわかに活況を呈してきた。

まずＦｗ187のほうは、細い胴体に双発の実にスマートな単座戦闘機として、翌一九三七年に初飛行した。

ユンカース「ユモ」210Ｄの六三〇馬力エンジンをつけた試作一号（Ｖ1）は、最大時速五二五キロを出したというから、一年前の完成ではあるがメッサーシュミットの双発複座戦闘機Ｍｅ110の五〇五キロより、二〇キロも速かったわけである。そればかりでなく、一九三八年には単発単座のＭｅ109をしのぐ高速を発揮したといわれる。

しかし航空省は、ナチ党員のメッサーシュミットをかわいがり、ハインケルやフォッケらに冷たかったこともあって、「ファルケ」(鷹)と名づけられ三機つくられたFw187は、結局不採用とされてしまった。

Fw187ファルケ。試作1号機は1937年に初飛行した

あきらめ切れないタンクは、これを複座戦闘機とすることを申し出て、ふたたび三機の原型を試作する許可をとった。DB600Aの一〇五〇馬力にパワーアップした三号機は、最大時速六三〇キロを出し、空気力学的にメッサーシュミット機とは問題にならないことを示したが、さらに増加試作した三機ができたところで打ち切りを命ぜられている。

そしてあまり性能のよくないメッサーシュミットMe110のほうが、量産に向くという理由で採用されてしまった。ナチ航空省の偏愛ぶりが、ここにもよく見られる。

増加試作の三機は、フォッケウルフ社のブレーメン工場直衛防空戦闘機としてのちに活躍し、パイロットから「調和のとれたすばらしい双発複座戦だ」と喜ばれたが、ドイツ宣伝省がこのFw187を作為的にPRしたため、イギリスはこれが量産されて、実戦にも参加しているものとばかり思った、というエピソードがある。

四発旅客機Fw200の爆撃型改造

Fw200「コンドル」(はげ鷹)と名づけられた四発長距離輸送機のほうは、ルフトハンザ航空も期待する民間機ということで、開発から試作も順調に進み、一九三七年(昭和十二年)七月に初飛行した。

タンク技師の好みとする流麗なほっそりした胴体に低翼単葉、それにBMW132Dc七八〇馬力の空冷星型エンジンを四基備え、翼幅三三メートル、全重量一四・八トン、最大時速四三〇キロ、乗員四人、乗客二六~三〇人というデータは、当時としては世界第一級のものであった。

さっそくルフトハンザ航空のほか、デンマークなどの航空会社で採用し、かなりの数を国際線に就航させている。

しかしなんといっても、「コンドル」の名を高めたのは、翌三八年八月十日から十一日にかけて、ヘンケ機長ら六人がベルリン~ニューヨーク間の六三八八キロを、無着陸二四時間五六分の新記録(帰路は一九時間五五分に短縮)で飛行したのと、さらに同年十一月二十八日から三十日、同じくヘンケ機長ら六人によりベルリン~立川間一万四一八〇キロを、途中三着陸(バスラ、カラチ、ハノイ)で四六時間二〇分五二秒で飛び切ったことだ。とくに後者は、平均時速三三〇キロの快速だったから、当時ドイツへ草木もなびいていた日本を敬服させた(もっとも帰路に、燃料不足のためマニラ湾内に不時着するというミスをおかした)。

九二式重爆撃機(ドイツのユンカースG38四発大型旅客機を爆撃機に改造してライセンス生産)

以後、四発重爆を持たずに悩んでいた日本陸軍は、「コンドル」の訪日前からその高性能ぶりに目をつけ、ドイツ航空省を通じて、

「ぜひ、『コンドル』の爆撃機改造型を設計してほしい。はじめは部品の輸入組み立てで間に合わせるが、あとは国産化していくから……」

と、前渡金を出してたのみこんだ。

日本陸軍としては、対米戦になれば台湾からフィリピン爆撃を、対ソ戦の場合はカラフトからウラジオストック爆撃を考えていたが、四発の長距離爆撃機ができなかったため、盟邦ドイツならなんとかしてくれるだろうと思ったのである。

Fw200コンドル四発長距離輸送機。多数が国際線に就役した

ところがドイツ航空省は、第二次大戦に備えてフォッケウルフ社に対し、すでにFw200長距離偵察・爆撃用C型の開発を命じており、日本の要請にあまり積極的でなかった。そのうち戦争に突入したので、Fw190やMe109などを潜水艦輸送し、お茶をにごしてしまった。

もっともドイツとしても、先見の明あった初代空軍参謀総長のワルター・ヴェーフェル大将が、戦略爆撃を主張して四発爆撃機の開発を進め、一九三六

年ごろ、ドルニエＤｏ19やユンカースＪｕ89の試作、ハインケルＨｅ177の設計開始にこぎつけていたのだが、ゲーリング、ウーデット、リヒトホーフェンら空軍幹部連の反対にあい、さらに三六年夏、ヴェーフェルの墜死にともなって四発爆撃機は抹殺され、急降下爆撃機一本にしぼられたといういきさつがあって、応急の間に合う新鋭四発機といえば、この「コンドル」旅客機しかなかったのである。

イギリスと戦うつもりなら、ロンドンの爆撃および補給の輸送船団を爆撃するための、四発長距離爆撃機が必要なことぐらい、戦略家として当然わきまえていなくてはならないのに、当時のドイツ空軍はヴェーフェル大将以外、双発機（ハインケル）と単発急降下爆撃機（スツーカ）で足りると思っていた。

ことの善悪はさておき、やはりナチ幹部は先見の明がない、単なる戦術家だったとしかいいようがない。

第二次大戦前夜から前半戦にかけて、あの空軍国ドイツに制式の四発爆撃機がなかったというウソみたいな話の裏には、このような事実があったのだ。

もちろん戦いが進むにつれて、ヒトラーやゲーリングたちもこの厳しい現実にあわて、双（ふた）子（ご）エンジン（二つのエンジンを一つにまとめたもの）双発（つまり四発になる）のハインケルＨｅ177を育てようとしたが、あまりに野心作すぎて期待はずれに終わり、戦争に間に合わなかった。

だからこそ、無理を承知で単発機やジェット戦闘機に重い爆弾を持たせたり、輸送機を爆撃機に改造するという混乱を招いたのである。

首っ玉や背中に銃座を設け、腹に銃座、爆撃手席、爆弾倉を入れるバルジ（ふくらみ）を取り付けた他、主翼や脚を補強したＦｗ200Ｃ「クーリエル」（飛脚）は、最大時速こそ三八四キロと落ちたが、三五〇〇キロの航続力を生かして一九四〇年（昭和十五年）から、大西洋上のイギリス輸送船爆撃や東部戦線のソ連軍基地爆撃、船団援護、Ｕボートとの協同作戦、さらに長距離偵察に活躍をはじめた。当時の新聞、雑誌に、黒く塗った同機の派手に飛ぶ写真がしげく載っていたことを、覚えておられる方も多いだろう。

Fw200を爆撃機型に改造したFw200C クーリエル

しかし、しょせんは弱い輸送機の改造なので、無理な操作をすると空中分解したり、離着陸時に翼や胴体を折ったりした。

また、イギリスの長距離夜間双発戦闘機の「ボーファイター」や「モスキート」が出現すると、「クーリエル」はひとたまりもなかったし、高射砲火にも弱かった。そのためＣ型の総生産数は二六三機にすぎない。

こうして民間用の「コンドル」は、軍用「クーリエル」にされたばかりに、あたらすばらしい前歴をイメージ・ダウンさせられたのであった。生みの親タンクも、不本意なこととくやしかったに違いない。

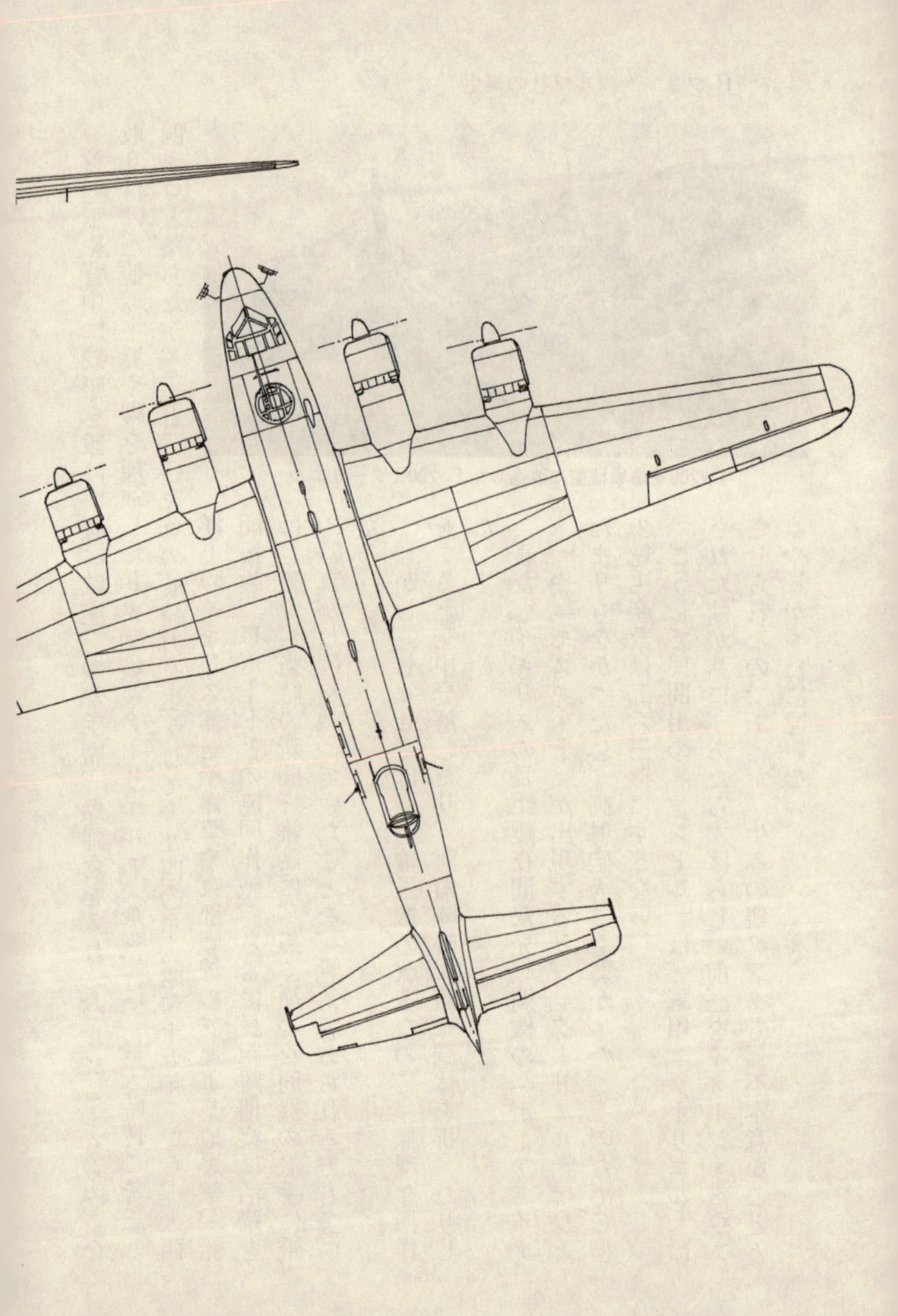

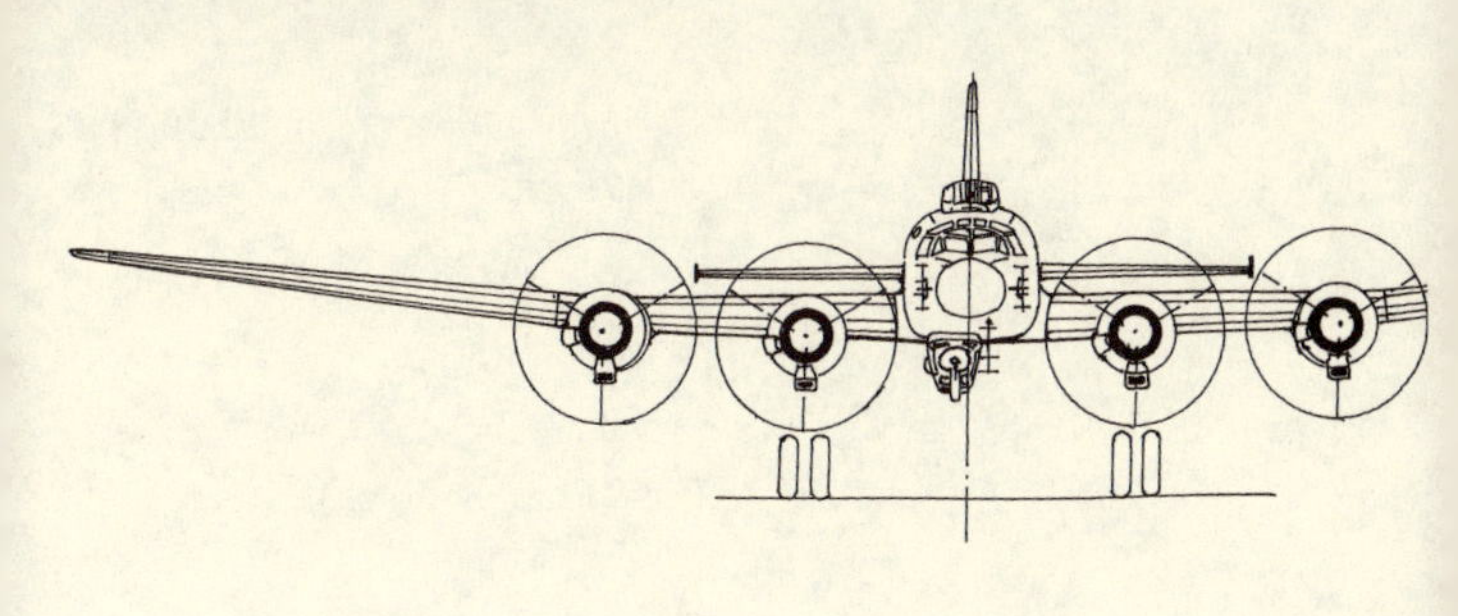

Fw200C－8クーリエル

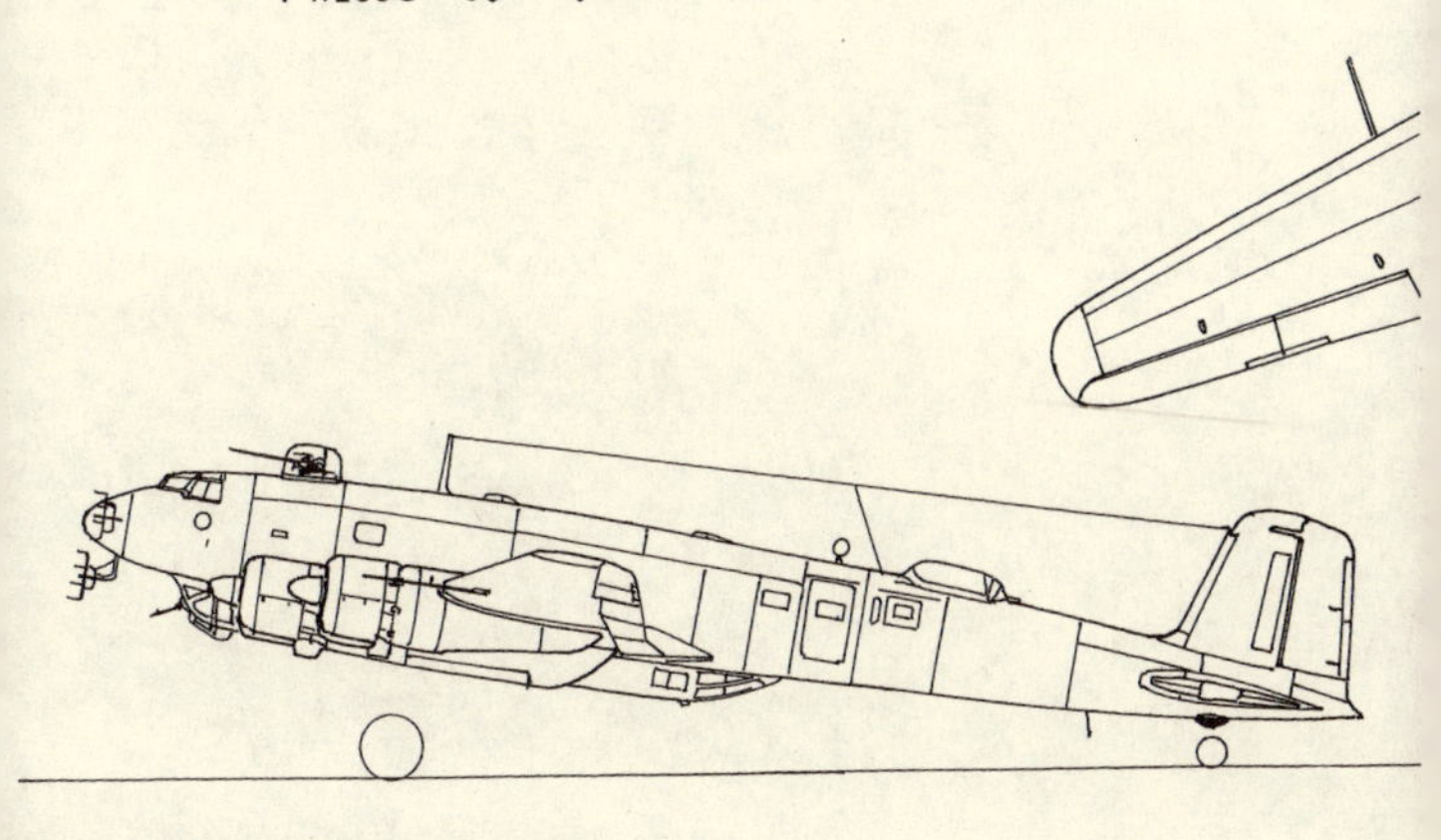

Fw200コンドル

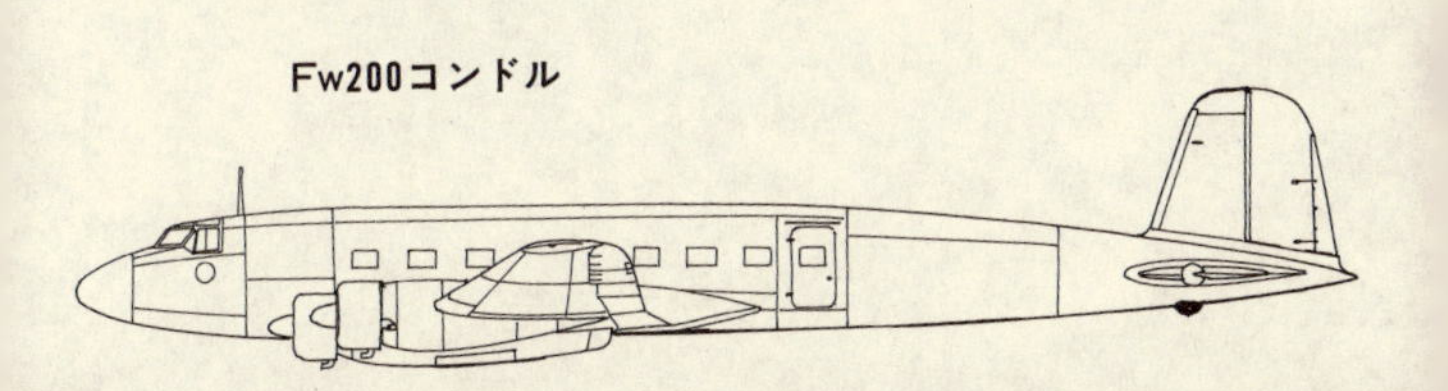

2 空冷戦闘機Fw190を開発

Fw200「コンドル」旅客機が初飛行して間もない一九三七年の秋、ドイツ航空省はフォッケウルフ社にたいし、

「次期戦闘機の開発にとりかかれ」

と命じてきた。

実のところ航空省は、来るべき大戦に用いる主力戦闘機は、すでに部隊へ配備されているメッサーシュミット社のBf109だけで十分と考えていたのだが、空軍参謀たちの中から、

「Bf109だけでは、敵対国に手のうちを読まれていて危険だから、もう一種、補助となるものを開発しておくべきでしょう」

「それなら、フォッケウルフ社のタンク主任技師にやらせたらよい。彼のFw187にせよ、Fw200にせよ、みごとな腕じゃないですか」

という声が上がったので、それではとにかく設計させてみよう、という気になったのである。

空冷式戦闘機の開発にのりだす

当時の各国の戦闘機は、第二次大戦の前奏曲ともいえる国際間の紛争や内戦によって、その改良発達が急速に進んでいた。

つまり複葉のやや間のびした大戦間戦闘機から、国際間の緊張に応じた単葉新型の就役がはじまっていたのである。

とくに、一九三六年七月からはじまったスペイン内乱で、ソ連、フランスをうしろ楯とする共産政府軍と、その打倒をめざしドイツ、イタリアの支援をたのむフランコ将軍の国民革命軍とが、三年にわたって互いに援助国の軍用機、武器、兵員を動員して戦ったとき、スペイン上空はまさに各国軍用機の性能実験場の観を呈した。

もちろんそれらは、それぞれの義勇軍パイロットによって操縦されていたが、政府軍にはイギリス人、アメリカ人もかなりいたから、形としてはこのときすでに、第二次大戦にはいっていたということもできよう。

そして双方の航空部隊——主として義勇空軍——の活躍はものすごく、地上軍と基地をたたき合い、はげしい空戦をくり返したが、飛行機の数とパイロットの質と戦意にややまさるフランコ革命軍側に軍配があがった。

このスペインにおける〝国際見本市〟に出品？　された戦闘機をあげると、革命軍は初めハインケルＨｅ51、アラドＡｒ68（以上ドイツ）、フィアットＣＲ32（イタリア）、のちにメッサーシュミットＢｆ109、ハインケルＨｅ112、フィアットＧ50、政府軍は旧式ニューポール62、

フォッケウルフ社製の最初の戦闘機 Fw159

ドボアーチンD371（以上フランス）、カーチスP6E「ホーク」（アメリカ）、I15、I16（以上ソ連）などになる。しかしなんといっても、小まわりのきく鈍速の複葉戦闘機より、ダッシュ力のある優速の低翼単葉戦闘機のほうが、いずれの義勇軍パイロットからも要求され、事実、効果があがっていた。

これらの低翼単葉戦闘機のうち、ドイツ航空省から会社に対し「新戦闘機の設計試作を命ず。型式番号はFw190」という発注命令が出され、タンク技師がその担当をいい渡された時点、すなわち一九三七年秋までに初飛行を終わっていたものを順にならべると、次ページ表のようになる。

アメリカのカーチスP36も、すでに「ホーク」75としてその原型が飛んでいたし、イタリアのマッキMC200も、試作機が完成間近であった。どれをとってみても、近代的センスにあふれた魅力あるものばかりであるが、タンクが強く意識して頭から離れないのは、同国機のメッサーシュミットBf109と、仮想敵国イギリスのスーパーマリン「スピットファイア」の二つだった。

メッサーとスピットをライバルとして

メッサーシュミットBf109は、有名なウィリー・メッサーシュミット博士が、一九三四年夏、航空省の催した単座戦闘機試作競争に参加するため、バイエリッシュ航空機会社で設計したものである。

このとき、ともに応募したアラド社のＡｒ80（複葉）、ハインケル社のＨｅ112（低翼単葉）、フォッケウルフ社のＦｗ159（高翼単葉）のうち、ハインケルＨｅ112と最後までせり合ったものの、これを蹴落としてついにドイツ主力戦闘機の座におさまった。

それが一九三七年春から部隊に配備されはじめ、同年六月のチューリッヒにおける国際軍用機大会で、Ｂｆ109Ｂの二機が参加し、数種目で優勝するにおよび、メッサーシュミット株は急上昇する。

さらにつづけて、七月からスペイン国民革命軍に送られた義勇空軍「コンドル軍団」のＢｆ109Ｂ戦闘機隊（二四機）は、共産政府軍のソ連製Ｉ15、Ｉ16を押しまくって実戦テストもＯＫとなると、これは身内における最大のライバルであり、その改良型をしのぐ利点がなければ採用されることはむずかしいであろう。

またイギリスのスーパーマリン「スピットファイア」は、人も知るレジナルド・ミッチェル技師の設計した迎撃戦闘機である。

彼は水上機のスピード・レースとして有名なシュナイダー・トロフィー・レースで、Ｓシリーズ競速水上機の設計を手がけ、一九三一年、ついにトロフィーの永久獲得をイギリ

機関銃・砲 口径mm×数	就役 年月
7.62×4	1934・秋
20×1 7.5×2	1938・春
7.9×3	1937・春
7.7×8	1937・末
7.7×8	1938・6
7.7×2	1938・2
12.7×2	1938・末
7.7×3 12.7×1	1938・4
12.7×2	1939・春

1937年までに初飛行した列国の単座戦闘機

機　名	国　名	初飛行年月日	乗員	エンジン馬力	最大速度 km/h
ポリカルポフ I16 (4)	ソ連	1933・12・31	1	775	455
モランソルニエ MS406	フランス	1935・8・8	1	860	486
メッサーシュミット Bf109B	ドイツ	1935・9	1	610	470
ホーカー「ハリケーン」Mk1	イギリス	1935・11・6	1	1030	512
スーパーマリン「スピットファイア」Mk1	イギリス	1936・3・5	1	1050	568
キ27甲（九七式戦甲型）	日本	1936・10・15	1	710	460
フィアットG50「フレッチア」	イタリア	1937・2・26	1	840	472
カーチスP36A	アメリカ	1937・初春	1	1050	480
マッキMC200「サエッタ」	イタリア	1937・12・24	1	870	502

スにもたらした奇才であるが、レーサーづくりの情熱を戦闘機に向けて注ぎ、美しくもたくましい機体としている。

そのテスト飛行で、四ヵ月先に飛んでいた身内のライバル、ホーカー「ハリケーン」のスピードを軽く五〇キロ以上しのぐ時速五六〇キロを出して、

「さすがミッチェルだ。レーサーとファイターを渾然一体化させた腕はみごとである」

と称讃された。しかしスピードばかりでなく、運動性もかなりいいことが、タンクの耳にもはいってきている。

「よし、当面のライバルはメッサーシュミットだが、最終的にはやはり『スピットファイア』だ」

フィアット CR32bis 戦闘機

と、心に決めた彼はフォッケのもとにゆき、
「社長、Bf109は旧式のフィアットCR32やI16にはまさりますが、仮想敵の『スピットファイア』にはどうしても劣るでしょう。戦時となって改良されてゆけば互角でしょうが、当然、向こうだって性能アップされますから……」

ときりだした。

「うむ、わたしもそう思う。クルト君、Bf109は量産に向くようにつくられているから、機体にやわらかさがない。スピードという戦闘機の第一条件は満たすだろうが、運動性という第二条件にはどうしても欠けるね」

「そこです。ミッチェル技師の『スピットファイア』には、総合的な丸みがあります。私もこの線にのっとって、スピードと運動性の兼ね合いを最良にもっていくようにしたい。ただわが国の液冷エンジンは、ダイムラーのDB600A（九五〇馬力）にしろDB601A（一一〇〇馬力）にしろ、まだ発達途上ですから使いにくいのですよ、弱過ぎて……」

「きみが前からいうように、あるいは空冷星型のBMW139（一四気筒、一五五〇馬力）も強力なので装着しなければならないというのだろう。ドイツの戦闘機としては異例のことだけれども、それがよければかまわないさ」

「それでは両案で進めてみたいと思います。ブラーゼル君（設計主務者）にいろいろ計算してもらいましょう」

ポリカルポフI15戦闘機

「とにかく、きたるべき戦いに備えて、フランス、アメリカ、ソ連も、どんどん新戦闘機の開発を進めている。『スピットファイア』ももちろんだが、そうしたものに負けない優秀な戦闘機を設計してくれたまえ」

「承知しました。来春までに資料（データ）をととのえ、それから設計にかかります。航空省の者たちは、メッサーシュミット一辺倒でわれわれにあまり期待をかけていないようですから、ひとつ彼らの鼻をあかしてやりますよ」

タンクの自信に満ちたことばに、フォッケは社の浮沈をかけた飛行機の開発が、明るい見通しであることを感じとっていた。

意欲的なFw190の開発すすむ

タンクをコンダクターとするFw190設計チームが、準備を進めている間にも、世界の情勢は刻々と変化していった。

スペイン内乱はＩ15、Ｉ16を頼みとする共産政府軍の、再三にわたるまき返しにもかかわらず、ドイツ「コンドル軍団」の援護を受けた国民革命軍の進撃がつづき、バルセロナは一九三八年一月二十六日に陥落した。

いっぽう一九三七年（昭和十二年）七月七日から日中戦争にはいった日本は、同年十二月十三日には早くも南京を占領したものの、長期戦の様相を呈してきた。

この日本とイタリアをまじえ、ドイツは三国防共協定を結び、同年十一月六日に調印、そして翌三八年三月十二日には、ヒトラーがオーストリアの併合を宣言するというように、事態は対共産陣営側へ有利に展開しているかと思われた。

つまりこの間に、ドイツ首脳陣によるヨーロッパ電撃作戦の構想がすすめられ、ゲーリング空相、ウーデット少将、イエショネック大佐らの急降下爆撃法が、ヴェーフェル空軍参謀総長の提唱する大型戦略爆撃隊案を抹殺して、ユンカースＪｕ87「スツーカ」急降下爆撃機と、メッサーシュミットＢｆ109戦闘機の量産にとりかかっていたのである。ウーデットなどはあからさまに、

「戦闘機はメッサーシュミット一機種だけでいい。もう一種ふやすなど、時間と金のむだだよ」

といった。これを、とりなした空軍参謀から聞かされたタンクは、

〈ははあ、お人好しで航空省役人が肌に合わないウーデットは、ゲーリングやメッサーシュミットらに抱きこまれているな。こと
を行なおうというのに、そんなふざけた……。よし、メッサーにも「スピットファイア」にも勝てる戦闘機をものにしてやろう〉

とムラムラ闘争心をかきたて、決意を新たにしたという。

こうして一九三八年春には、基礎設計は終わっていたものの、まだエンジンの選定に決着がつかなかった。

液冷のダイムラー・ベンツDB601と、空冷のBMW139では、装着法や艤装にだいぶ差がある。できることなら液冷のダイムラーでいきたいが、馬力に余裕がないことと、メッサーシュミットやドルニエ、ハインケルなど既製量産機のほうに回されてフォッケウルフ用はまだ先になるだろう。

「よし、空冷式のBMWでゆけ。前面抵抗は多少おおきくとも、工夫すればそれほど差はない」

クルト・タンク技師

こう断を下したタンクの胸のうちには、空冷エンジンは液冷式ほど整備に手間がかからないことと、冷却系統の被弾による焼損などがないという利点もひらめいていた。

タンク設計チームが、BMW139エンジンで本格的設計にはいったのはその年の夏からで、予定していたこととて開発ははかどり、年末には組み立てもはじめられた。

もっとも頭をつかったのは冷却法で、プロペラ軸先端のスピンナー・キャップを、エンジンのカウリング（整形覆い）と一体をなすように大きくとり、ちょうどドングリの帽子形にして、先端だけ少しちょん切ったところから冷却空気を導入するようにした。

もちろん、これが最初のアイデアではなく、かつてこれと同じ発想の冷却法を用いた飛行機はあったが、高速の実用戦闘機となるものに、あえて採用にいどんだスタッフの勇気は買っていい。ハインリッヒ・フォッケも、自らフォッケ・アハゲリスでヘリコプターの総指揮をとるかたわら、Ｆｗ190の育つのをあたたかく見守っていた。

テスト飛行で見せた高性能

翌三九年五月、Ｆｗ190の原型第一号機Ｖ１が完成した。Ｄ-ＯＰＺＥという登録記号を胴側と主翼下面に、またハーケンクロイツ（かぎ十字）のナチ党章を垂直尾翼にかきこんだ機体は、ブレーメンのフォッケウルフ社の飛行場に姿を現わした。そして六月一日、テスト・パイロットのハンス・ザンダーによって初飛行が行なわれたのである。

タンク自身、すぐれたパイロットでもあったから、スピードと操縦性のかね合いに力点がおかれ、各国がしのぎを削る戦闘機開発競争に割りこめる実力をＦｗ190Ｖ１は初めから持っていた。

ちょうどメッサーシュミットのＭｅ109改（実はまったく別機のＭｅ209）が、時速七五五・一キロの世界速度記録をつくった（四月二十六日）直後だったので、熱気をこめたテスト飛行はスムーズに進み、舵のバランス、操縦性も抜群とザンダーは報告した。しかし、五回の社内飛行で座席内の温度が上がること、および排気ガスが座席に流れこみマスクをつけなければ苦しいことが欠点として指摘された。これはカウルフラップを廃止し、推力排気管を時代を先どりして設けたことと、あまりにもエンジンまわりをコンパクトにしすぎたことなどのためであって、コクピット内は摂氏五五度にもなったといわれる。

しかしこの改修をほどこす前に、原型機V1はレヒリンの軍テスト・センターに送られ、実戦パイロットによるテスト飛行が行なわれた。ここでなんと、五九五キロの最大時速を記録したのである。これでテスト・センターはわき返った。

「スロットル(ガス絞り弁)・レバーを入れるとぐんと加速(ダッシュ)するぞ、メッサーと同じくらいだ」

「しかし空冷エンジンなので、降下スピードはやや劣るな」

「とにかく時速六〇〇キロとはすごい。エンジンを液冷の二〇〇〇馬力クラスにつけかえたら六五〇どころか七〇〇キロだって出せるだろう」

「それに、操縦性もいい。舵の手ごたえはメッサーシュミットMe109の比ではない」

「『スピットファイア』に見参したら、ひとあわふかせてやるぜ」

など、性能上は手放しのほめようだったが、一方、コクピット内の温度上昇と排気ガス漏れについて、

「これだけは、何とかしないと実用にならない」

「敵に遭遇する前に、むし焼きか窒息死してしまうぞ」

と悪評であった。

ある飛行姿勢では、冷却空気量の不足をきたし、そのような悪い現象につながることがわ

かったので、プロペラとエンジンの間、つまりダクテッド・スピンナー内に直径八一三ミリの一〇翅の冷却ファンを取りつけ、強制冷却するように改修した。また、ブレーメン工場ですでに製作中の、試作二号機V2のダクテッド・スピンナー内にも、同様な装置をほどこした。

これによって、高温やガスによるパイロットの苦痛は、あるていど避けられたのであるが、新機軸に多少の不安が残るとあって、

「オーソドックスなタイプでもテストをしておこう」

というブラーゼル主任技師の意見から、テスト中のV1を普通のスピンナー・キャップとNACAカウリング、および強制冷却ファンつきの機首に改造することとした。

このころ、すでにナチ・ドイツ軍のポーランド侵入がはじまり（一九三九年九月一日）、イギリス、フランスの対独宣戦布告（九月三日）があって、航空省の動きも活発になり、冷たいムードのFw190開発に対しても、かなり積極的になってきた。

「BMW139エンジン（空冷二重星型一四気筒一五五〇馬力）の開発は中止された。それよりやや強く、さらにパワーアップの見込みあるBMW801（空冷二重星型一四気筒一六〇〇馬力）を実用化させるから、Fw190のつぎの試作型はこのエンジンを使うように。航空省としてはフォッケ社に対し、優先的にそれを回すことを約束する」

といってきたのだ。

すでに完成しかかっていたV3は、こうしてBMWエンジンがないために飛ばすことができず、V1およびV2の機体スペアとして使われることになった。また枠組までつくられて

Fw190の原型第1号機となったV1

いたV4も強度テスト用に供されるというように、フォッケウルフ社のブレーメン工場はてんやわんやの有様だった。

しかしこれとて、同年七月三日のハインケルHe176ロケット機、八月二十七日(開戦五日前)の同じくハインケルHe178ジェット機が、ともにナチ首脳部の面前で公開飛行されながら、その時点でまったく無視されてしまったのに比べると、よほどましであったということができよう。

なお、V2は一九三九年も押しつまった十二月三十一日、FO+LZの民間登録記号をつけて飛行し、すぐにMG17の七・九ミリ二梃をエンジン上部に、MG131の一三ミリ二梃を両翼付け根に装備して火力テストが行なわれた。ところが、レヒリンで五〇時間ほど飛行したとき、クランク・シャフトが折れて墜落、除籍されている。

また機首を改造したV1のほうは、翌四〇年一月二十五日、FO+LYの記号をつけて進空し、問題点をすべて解決した。そしてこれが量産型の原型となったのである。

翼面積の違う二種の試作機

四四、四五ページに、一九三七年までに初飛行した列国の戦闘機を表示したが、ここでもう一度、第二次大戦開始までに就役、あるいは初飛行を終えていた著名戦闘機について、開発順にならべてみよう（上表）。

エンジン馬力×数	最大時速km	機関銃・砲口径mm×数	就役年月
1030×1	512	7.7×8	1937・末
1050×1	568	7.7×8 (20×2,7,7×4)	1938・6
1100×1	570	20×2　7.9×2	1939・春
980×1	530	12.7×2	1942
910×1	530	20×1　7.5×4	1939・12
1160×1	550	12.7×4 (12.7×6)	1940
950×1	495	7.7×2	1941・夏
1150×2	665	20×1　12.7×4	1941・6
1350×1	515	12.7×4	1940・秋
1100×1	560	20×1 (12.7×2,7,7×2)	1941・春
940×1	533	20×2　7.7×2	1940・8
1150×1	592	37×1 12.7×2,7,7×2	1941・夏
1550×1	590	7.9×4	1941・春

これをみると、Ｆｗ190がもっとも新しく、その二ヵ月前が日本海軍の「零戦」で、時期的に両者の初飛行はほとんど同時であったことがわかる。またアメリカの援英、援仏、援ソ用の戦闘機は、大戦前にバタバタと開発され、直ちにヨーロッパの戦場へ送りこんで実用テストを行なった手ぎわのよさも知ることができよう。

またイギリスが、ホーカー「ハリケーン」とスーパーマリン「スピットファイア」を、車の両輪のように改良発展させたのに対し、ドイツはメッサーシュミットＭｅ109一本にしぼり、援護すべきもう一種（フォッケウルフＦｗ190）の開発をおくらせて、後手にまわった模様を見ることができる。

とはいえ、時期が新しいだけに強いエンジンを用いることができ、それだけ性能もいいわけで、その

第二次大戦開始までに就役あるいは初飛行を終えた列国の単座戦闘機

機　名（大戦直前の型式名）	国　名	左型式の初飛行の年月日
ホーカー「ハリケーン」Mk1（初期型）	イギリス	1937・10・12
スーパーマリン「スピットファイア」Mk1	イギリス	1938・初
メッサーシュミットMe109E	ドイツ	1938・春
レッジアーネRe2000	イタリア	1938・冬
ドボアチンD520	フランス	1938・10・2
カーチスXP40	アメリカ	1938・10
キ43Ⅰ甲（一式戦「隼」Ⅰ甲）	日本	1938・12・12
ロッキードXP38	アメリカ	1939・1
グラマンF4F-3	アメリカ	1939・2・12
ラボーチキンLaGG1～3	ソ連	1939・3
三菱A6M2（零戦12型）	日本	1939・4・1
ベルXP39	アメリカ	1939・4・6
フォッケウルフFw190A	ドイツ	1939・6・1

改良型が「スピットファイア」の改良型をいつも上回ったことは、当然といえば当然であった。

しかし、タンクとブラーゼルが慎重に設計と計算を重ね、開発を進めたからこそ、ドイツ軍劣勢の中にもFw190のゆくところ常に勝算ありとすることができたのである。その端的な現われとして、試作5号機V5に関するつぎのようなエピソードがある。

すなわち、BMW801Cエンジンの到着を待ち切れずに、V5の製作がはじまったが、これにはkとgの二機が併行してつくられた。機体は全く同じだが、主翼の面積が違うもので、V5kのほうはV1、V2と同じ一四・九平方メートル、V5gは新しいエンジンに合わせて、三・四平方メートル大きい一八・三平方メートルの主翼をつけていた。

ふつうなら、綿密な計算によってパワーアップによる速度向上型（V5k）をとるか、最大速度を多少犠牲にしても運動性をよくしたもの（V5g）にするか決めてしまうのであるが、二人はその微妙な兼ね合いの感触をつかむためには、どうしても実機を二種類つくって比較テストしようということになった。

タンクとしては、わずかのスピードアップより、多少ダウンしても旋回性のいいほうをとりたく、それには主翼面積の大きいV5gだけをつくればよいと思っていたのだが、ちょうど第二次大戦へ突入した直後であり、軍部やパイロットの多くは、

「相手に勝つためには、ごくわずかでもスピードの大きいほうがいい」

「旋回性は二の次だ。その点、メッサーシュミットMe109はすばらしい。自分なら『スピット』に絶対負けない」

「とにかくダッシュがきいて、抜く手も見せず相手に一撃をかけるのがいいんだ」

などと、戦闘機は何よりもスピードが優先という風潮だったから、机上の計算によらぬ実際上のデータを示し、また体得してもらって、これからの空戦では運動性を兼ね備えるべきことを理解させようとしたわけである。

腕のいいパイロットでもあるタンクだからこそ、ヨミを深く、あえて慎重にことを運んだといえるが、実は日本でも中島飛行機で、その三年前に同じようなことが試みられていた。

それはキ27（のちの陸軍九七式戦闘機）の開発中、試作一号機にはじめ面積一六・四平方メートルの主翼をとりつけてテストしていたが、すぐに格闘性を高めるため一・二平方メートル大きい一七・六平方メートルのものに取り替え、さらに試作二号機（昭和十二年二月、初飛行）ではもう一平方メートル大きい一八・六平方メートルの主翼としたことだ。

このときスピードのロスは、翼面積が二平方メートル以上大きくなってもほんの時速一〇キロ足らずなのに、格闘性は抜群によくなるという結果が出て、試作二号機が量産機の原型

Fw190V5。主翼面積の異なるV5kとV5gの2機が製作された

となっている。そして九七式戦闘機は、ノモンハン航空戦で大活躍したのである。

増加試作一八機で先行生産

BMW801C（空冷星型一四気筒一六〇〇馬力）エンジンが、一九三九年末ついに到着し、これを装着したV5kは翌四〇年初春に飛んだ。また同じくV5gもつづいて完成しているが、Fw190の真価が知れ渡るにつれ、航空省も「メッサーシュミットMe109の補助」から「次期戦闘機の筆頭候補」に取りあげるほどの変わりようだった。

大戦が始まって二ヵ月もすると、航空省は、「Fw190A－0として、一八機の増加試作を命ず」といってきた。

つまり先行生産型ともいえるもので、事実上の量産開始である。しかしその時点で、試作六号機V6がV5kと同じ短い翼をつけて製作され、つづいてV7、V8……も小さい〝K〟翼仕様で進められていたので、一八機中はじめの七機まではV5kスタイル、残り一一機分は「たしかに、〝G〟翼のほうがすぐれている。格闘性の加味は必要だ」と、一九四〇年春の出現から、評価の高まってきたV5gスタイルで製作することになった。

やはり、さすがドイツ空軍の心あるベテラン・パイロットは、ライバルの「スピットファイア」と対戦するのに運動性のない戦闘機では苦しいことを、はっきり意識していたわけで、Fw190こそ信頼するものに足ることを看取していたのである。

一九四〇年六月十四日、ドイツ軍はパリに入城し、フランスは降伏した。戦勝ムードに酔うドイツは、一挙に英本土航空決戦を行ない、大戦の行方を決めようとはかったが、レーダー網による防空迎撃システムをもつイギリス空軍の抵抗にあい、七月から八月にかけての海岸目標攻撃だけでかなりの損害をこうむった。

いわゆる〝バトル・オブ・ブリテン〟の序幕であるが、これで九月中旬に予定されていた英本土上陸作戦に支障をきたし、逆にベルリンを空襲されるという事態になった。

おこったヒトラーがゲーリングに厳命して、ロンドン爆撃にやっきとなり、〝バトル・オブ・ブリテン〟のクライマックスを迎えるのだが、ここでメッサーシュミットMe109Eの航続力が短く、運動性がよくないという欠点がさらけ出されてきた。

ハインケルHe111、ユンカースJu88などの爆撃機をロンドン上空まで援護してくるのが精いっぱいで、不得手な空戦など「スピットファイア」と交えたら、下手すると基地へ帰り着くことができなかったのである。

このような、ドイツにとって〝思わざる〟もたつきのさなか、V5kはテスト飛行の離陸滑走中、トラクターにぶつかって大破してしまった。BMW801エンジンの装着による、操縦席位置の後退から、三点姿勢視界がやや悪くなったためであった。

しかしV5gは順調で、最大時速はkより九・六キロ遅い約六〇〇キロだったが、前にも述べたように〝G〟翼による良い運動性で、パイロットに親しまれていった。

射出座席の取り付けを拒否

〝K〟翼仕様のV6、つまり先行生産型のFw190A-0、一号機は四〇年九月に初飛行し、以下つぎつぎと引き渡されて、四一年の冬までに一八機の製作を完了、空軍における実戦テストが急ぎ開始された。その結果、トップ・スピード付近でエンジン・カウリングが吹きとんでしまうという事故が、何度か起きたのである。もちろんその部分の強度不足によるもので、すぐに補強したカウリングに改められた。

逆に時速四〇〇キロ以上での緊急脱出のとき風防（キャノピー）がはずれないミスが発見された。これは風防の後部左右に、二〇ミリ機関砲弾の薬莢を一個ずつ取りつけて、レバーを引くと後方へ射出できるように設計された。ところがパイロットから、

「飛び出すとき、尾翼に触れてはなにもならない」

「ぜひ、射出座席（エジェクション・シート）をつけてもらいたい」

という要求が出された。

たしかに多くの戦闘機パイロットが脱出するときに尾翼へ体の一部をぶつけ、命を失ったり手足をもぎ取られるという悲しい目にあっている。

そこでタンクとブラーゼルらのチームは、射出座席開発について検討をしてみた。当時は

Fw190の射出座席テスト。最終的には取り付けられることはなかった

エジェクション・シートなどまだ研究段階で、わずかにイギリスのマーチン・ベーカー社がその緒についたばかりである。

しかしフォッケウルフ社では、特急開発を進めて地上における人形射出でテストしてみた。ところがそれに要する重量がかさみ過ぎて、とても実用にはほど遠かった。やはり新しい装置の開発は、あるていどの時間をかけないと実用的にならないという好例であろう。

そこでフォッケウルフ社は、

「重いエジェクション・シートをつけると、戦闘機の諸性能がダウンして使いものにならなくなる。もちろん二年ほどたてば、もっと軽い実用的なものとなるだろうが、いまのところとてもつけることはできない」

と回答した。これに対してパイロットたちは、

「みすみす人命を失うよりは、多少重くともエジェクション・シートを設けるべきだ。性能の低下はわれわれの腕で補うから……」

と食い下がったが、Fw190の採用がほぼ決まったも同然のときだけに、フォッケウルフ社側としては性能ダウンを許容して不利を招く愚を避け、断固としてエジェクション・シートの取り付けを拒んだ。そしてついに押し通してしまったのである。

人命ももちろん大切であるが、戦闘機の本質を見失ってはならないという技術者魂を発揮したのである。

実用テスト中、エンジン過熱の問題はなお残っていたが、冷却ファンを一〇翅（ブレード）から一二翅にふやすなどの改良で解決している。

3 Me109をしのぐ傑作機

レヒリンやロッチンゲンの空軍テスト・センターで、実用審査を受けていた一八機の増加試作――先行生産Fw190A-0は、テスト・パイロットや、実戦経験のパイロットからいろいろこまかい注文をつけられたが、その大部分を解決して本格量産A-1の原型にまとめられた。

ヨーロッパ戦局の進展から、すでにA-0生産過程でA-1の量産命令は発せられており、原型をもとにその一〇〇機分がハンブルクとブレーメンの両工場で量産を開始した。

"バトル・オブ・ブリテン"に突人

開戦時、七〇〇機の戦闘機（うち「スピットファイア」は三〇七機）と三五〇機の爆撃機がすべてというイギリス空軍（RAF）に対し、一一〇〇機の戦闘機（うちMe109Eは八五〇機、一三飛行団に配属）と一九〇〇機の爆撃機をそろえたドイツ空軍（ルフトバッフェ）が、ヒトラー総統のぶちあげる、

「わが空軍は随時、随所において、あらゆる手段を尽くし、できる限りすみやかに英空軍を圧倒撃滅せよ」

の命令一下、英本土航空決戦(バトル・オブ・ブリテン)に突入したのは、一九四〇年八月初めからだった。

イギリス戦闘機の「ハリケーン」はともかく、「スピットファイア」Mk1はメッサーシュミットMe109E-3に上昇力、急降下性能は劣ったものの、スピードではほぼ互角、運動性ならはるかにまさっていて、ドイツ戦闘機隊にとってはなはだ手ごわい相手であった。

とはいえ、〝バトル・オブ・ブリテン〟中期までのMe109は、その機数と押せ押せムードによってみごとな武者ぶりを発揮し、世界に圧倒的勝利をかちとるかの錯覚を抱かせるほどだったのである。

当時のルフトバッフェの編成というのは、六個(戦前は四個)の航空艦隊(ルフトフロッテ)のもとに、それぞれ航空兵団(フリーガーコープス)、飛行団(ゲシュバーダー)、戦隊(グルッペ)、中隊(シュタッフェル)で構成されていた。

一中隊の一二機を一単位として、それが三個(および本部)で一戦隊(約四〇機)、三個戦隊(および本部)で一飛行団(約一二〇機)、三~五個飛行団で一航空兵団(三五〇~六五〇機)で形成している。

これらは各機種による混成部隊となっていたから、RAFが戦闘機集団(ファイターコマンド)→戦闘機群(グループ)→戦区(セクター)→飛行隊(スクォードロン、常備一六機)という戦闘機による単一大編成とは異なっている。しかしルフトバッフェの飛行団には、戦闘機だけで構成された戦闘飛行団(ヤークトゲシュバーダー=JG)、夜戦飛行団(ナハトヤーク

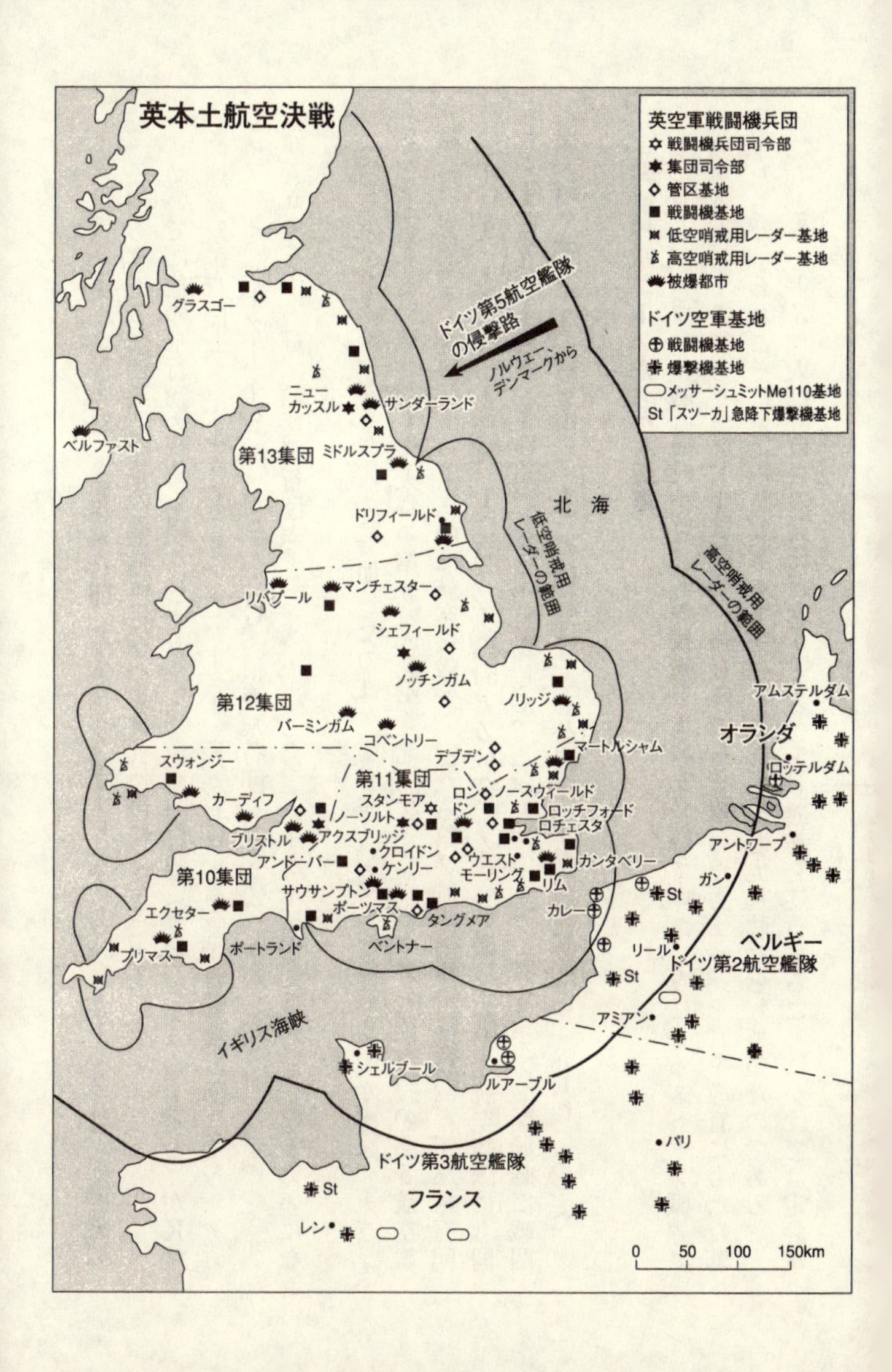
英本土航空決戦
英空軍戦闘機兵団
戦闘機兵団司令部
集団司令部
管区基地
戦闘機基地
低空哨戒用レーダー基地
高空哨戒用レーダー基地
被爆都市
ドイツ空軍基地
戦闘機基地
爆撃機基地
メッサーシュミットMe110基地
St「スツーカ」急降下爆撃機基地
ドイツ第5航空艦隊の侵撃路
ノルウェー、デンマークから
グラスゴー
ニューカッスル
サンダーランド
ベルファスト
第13集団
ミドルスブラ
北海
ドリフィールド
低空哨戒用レーダーの範囲
高空哨戒用レーダーの範囲
リバプール
マンチェスター
シェフィールド
ノッチンガム
第12集団
ノリッジ
バーミンガム
コベントリー
アムステルダム
オランダ
マートルシャム
デブデン
スウォンジー
第11集団
ロッテルダム
カーディフ
スタンモア
ロンドン
ノースウィールド
ロッチフォード
ノーソルト
ロチェスタ
ブリストル
アクスブリッジ
アントワープ
アンドーバー
クロイドン
ケンリー
ウエストモーリング
カンタベリー
第10集団
リム
ガン
サウサンプトン
カレー
エクセター
ポーツマス
タングメア
リール
ベルギー
プリマス
ポートランド
ベントナー
ドイツ第2航空艦隊
アミアン
イギリス海峡
シェルブール
ルアーブル
パリ
ドイツ第3航空艦隊
フランス
レン
0 50 100 150km

トゲシュバーダー＝NJG）、駆逐飛行団（ツェルシュテーレルゲシュバーダー＝ZG）が開戦前一三個あり、一九四三、四年の最盛時にはおよそ四〇個にふやされていた。

ついでに他の飛行団の略号も紹介しておくと、爆撃飛行団（カンフゲシュバーダー）がKG、高速爆撃飛行団（シュネルカンフゲシュバーダー）がSKG、急降下爆撃飛行団（スツーカカンフゲシュバーダー、Ju87）がSt・G、偵察飛行団（アウフクレールンクスゲシュバーダー）がAufkl・G、輸送飛行団（トランスポートゲシュバーダー）がTGといったぐあいになる。

〝バトル・オブ・ブリテン〟に参加したのはケッセルリンク大将の第2航空艦隊（オランダ・ベルギー）、シュペール大将の第3航空艦隊（北フランス）、シュタンプ大将の第5航空艦隊（ノルウェー・フィンランド）の三航空艦隊で、主たる第2航空艦隊には戦闘・駆逐飛行団のJG3、JG26、JG51、JG52、JG54とZG2、ZG26が属し、第3航空艦隊にも同じくJG2、JG27、JG53、ZG76が属して、〝バトル・オブ・ブリテン〟開始時に戦闘機（Me109E－3、Me110C－1）の総計は一五八五機（出動可能機数は一一九八機）あった。

戦闘機隊エースたちの大活躍

ルフトバッフェの戦闘機パイロットの技術もまたすぐれていた。なにしろスペイン戦線に義勇軍として参加したコンドル軍団で、腕をみっちり磨いた勇士や、それを教官にもった若手たちが「われこそは第二のリヒトホーフェンたらん」と虎視眈々としていたのである。

もともとドイツ人は、自らの責任を全うすること、義務を遂行することにかけては定評があるから、手練の空戦技を身につけた戦闘機パイロットは、どんな戦場でも、どんな相手でも真剣に食いつき、あくことを知らず出撃を重ねた。だからコツを覚えて勝ち残ったエースは、腕をあげてどんどん撃墜機数を重ねていく。

ただ日本と違って、一定のスコアをかせぐと強制的に休養を言い渡され、その間、騎士鉄十字章、柏葉騎士鉄十字章などを授与されて休養するから、身心とも消耗してしまうことがない。そこで一〇〇機、二〇〇機、三〇〇機という、異常とも思える超エースが、現存することになる。

ガーラント少佐(右)とメルダース少佐

さて、〝バトル・オブ・ブリテン〟にはいって、出撃回数がはね上がると同時にエースたちのスコアはふえ、彼らの実戦経験が重なったところで、ゲーリングは戦闘飛行団の団長を、これまでの第一次大戦生き残りの中年ベテランから若手エースに、順次交代させることにした。

JG2(第2戦闘飛行団)はボトカンプ中佐からウォルフガング・シェルマン少佐に、JG3はギュンター・リュッツォー大尉に、JG26はアドルフ・ガーラント少佐に、JG51はヴェルナー・メルダース少佐に……と若返っていった。つまりトップ・エースなら年齢のいかんにかかわらず、中隊長なり戦隊長、そして飛行団長にすえるという、日本陸海軍では考えられない実績、人望第一主義のシステムになったのである。

このころ、スコアを激しく競り合ったのがメルダース、ガーラント両少佐であった。一九四〇年七月末現在三〇機を撃墜してトップに立っていたウィルヘルム・バルタザールが負傷後退したあと、負傷から戦列復帰したメルダースは九月二十一日に最初の四〇機目を、その四日後、ガーラントも同じく四〇機目を記録した。両者ともほぼ日を同じくしてヒトラー総統から、柏葉騎士鉄十字章を贈られている。

その後、メルダースが十月二十八日に五三機目を撃墜したのに対し、ガーラントが十月三十日に四七機目だから、少しずつ水をあけられているが、この二人を追ったのがヘルムート・ヴィック中尉（一九四〇年十月六日、四〇機目）、ヴァルター・エーザウ大尉（一九四一年二月六日、四〇機目）、ヘルマン・フリードリッヒ・ヨッピン大尉（一九四一年四月、四〇機目）、ヨアヒム、ミュンヘベルク中尉（一九四一年五月初、四〇機目）らである。

そこでここに、一九四〇年九月二十九日、抜群の技倆と勲功（メルダース、ガーラントにつづく撃墜数）をもって、JG2〝リヒトホーフェン戦闘飛行団〟の第I戦隊長から一気に飛行団長に任ぜられたヴィック少佐の、中尉当時（八月中旬）の空戦日誌の一部を掲げ、優勢だった彼らおよびMe109をしのんでみよう。

「スピットファイア」と「ハリケーン」を追うMe109

「一九四〇年八月十八日、私（ヴィック中尉）はその数日前から大きな作戦が開始されることを予感していた。出動命令が下ったとき、われわれは狂喜した。戦争開始いらいの大規模な英本土空襲に、戦闘飛行団も爆撃機の援護任務を帯びて参加することになったのである。

この日の朝早く、戦闘機と爆撃機の大群がぞくぞくと離陸し、英本土めざして編隊を組み、天空を埋めつくした。言語を絶する壮大な光景だった。

イギリス海岸に達すると、眼下の海中にイギリス機が翼を斜めに突っ込んでいるのが見える。フクロウの目のような丸い標識のついた翼に、搭乗者がしがみついているのが望遠鏡で見られた。先発隊はすでにこの辺で、最初の戦闘を交えたらしい。

間もなく、われわれに向かって『スピットファイア』の一隊が戦闘をいどんできた。通り魔のように、空中をかすめて素早い戦闘が交わされる。われわれはこれを突破して、先発隊のあとを追う。

空の戦場が、目まぐるしく回転する。はるか前方に黒煙がたなびいているのが見える。爆撃隊がすでに投弾を開始しているのだ。

やがて任務を遂行した爆撃機の編隊が、あとからあとから帰ってくるのに出会う。その中には重戦闘機（Me110）隊もまじっている。先発の戦闘機（Me109）隊が、その後上方を旋回しながら、これを援護して戻ってくる。

爆撃は絶頂に達している模様で、ロンドン方角の空は今やまったく黒雲の層をもって閉ざされた。最後の爆撃隊が投弾を完了したとき、われわれ後発の戦闘機隊の本格的空戦が行なわれるのだ。つまり敵の追撃機が、わが爆撃隊のあとから執拗に追ってくるからである。この追撃隊を追いはらって、爆撃隊を無事に収容するのが、私たち戦闘飛行団に課せられた任務であった。

突然、敵戦闘機の群れが突進してきた。彼らはその快速をもって、海峡上でわが爆撃隊に追いつけると考えているのだろう。だが、どっこい、通してなるものか！

私は僚機に、攻撃の合図をする。イギリス機が三機、こちら目がけて襲いかかってきた。私は腹のところまで操縦桿を引き、宙返りしながら敵の背後にまわる。すばやくまわりを見回し、敵編隊長機に近づける。照準器にピタリと入れて発射ボタンを押す。たちまち舵を失い、翼を傾けながら降下していく。他の二機は、これをまもるように寄りそったが、すぐあきらめて引き返していった。

私は上昇した。右を見ると何としたことだ。僚機が敵の重囲の中で、絶望的な旋回をやっている。味方はどれも敵機を引き受けているので、助けにゆくこともできない。私の後ろには、またも『スピットファイア』が三機、アブのように食らいついた。ただちにガスを全開してこれを引き離し、小さく左旋回して上昇する。

さきほどの僚機は、やはり苦しげな空戦をつづけている。私がこれに近寄ろうとするたびに、新手の『スピットファイア』に襲われるので、位置を転換せざるをえない。しかし私のこうした行動が、いくぶん助けになったらしい。その僚機はようやく重囲を脱して、私のそばをかすめて飛び去った。

ほっとした私は、こんどは落ち着いて敵をねらうことができた。相変わらずつきまとう

バトル・オブ・ブリテンにおけるドイツ側の損害

時期区分	イギリス側推定ドイツ損害	ドイツ側実際喪失(発表)	撃破
7月10日～8月7日(戦闘の初期)	188	192(63)	77
8月8日～8月23日(海岸目標攻撃)	755	403(213)	127
8月24日～9月6日(戦闘機隊基地攻撃)	643	378(243)	115
9月7日～9月30日(重爆によるロンドン昼間爆撃)	846	435(242)	161
10月1日～10月31日(戦爆によるロンドン昼間爆撃)	260	325(134)	163
損害総計	2692	1733(895)	643

『スピットファイア』の胴体から、パッと破片が飛び散った。それがぐーんと突っ込み、海中に落ちて大きな波紋を起こしたのを、私ははっきりと見た。
もはや帰還の時刻である。無電で〝戦闘中止〟を命令する。わが爆撃隊は、すでに海峡を渡って安全圏内にはいっているころだ」

見通しを誤ったドイツ空軍

ヴィック中尉は、このときまでに一六機を撃墜して、早くも騎士鉄十字章の候補にあげられたが、やはりエースの手のうちにはいったMe109の力強さは抜群である。しかし手記中、「スピットファイア」に追い回される僚機のことが出ているように、英本土上空を死守しようとするイギリス戦闘機隊パイロットの技倆と勇気は、ルフトバッフェにまさるとも劣らぬものがあったといえる。

八月十三日、ドイツ空軍は四八五機の爆撃機、一〇〇〇機の戦闘機をもってポートランド、サウサンプトン、ハンプシャーとケント飛行場を攻撃したが四五機を失い（イギリス側は一三機）、さらに十五日の英海岸目標（レーダー基地、沿岸基地など）に対する第2、第3、第5航空艦隊の攻撃（出撃機数一七九〇機）では、イギリスの第11戦闘機集団の反撃で戦爆合計七五機を失った。これに対しイギリス側は半分以下の三四機だった。

翌十六日にもドイツ側は四五機を喪失したが、イギリス側はやはり半分以下の二一機である。そこで十八日にいたり、損害の多い低性能のJu87急降下爆撃機を攻撃からはずし、

ヘルムート・ヴィック少佐

「戦闘機隊は爆撃機の損害を減らすため、もっと出撃機数をふやし、さらにもっと近接して援護すること」

というゲーリングの緊急指令となったわけである（ヴィックの手記当日）。

爆撃機に倍する戦闘機の援護出撃によって、ふたたび英第11戦闘機集団に大きな損害を与え、喪失が補給を上回る危機に直面させた。ところが自らの損害も、Me109の援護重視による活動制約と航続距離の短さから、みるみるふえていった。

前にのべたJG2リヒトホーフェン戦闘飛行団長ヘルムート・ヴィック少佐にしても、十一月二十八日の英本土爆撃援護に向かったまま帰還しなかった。計五六機を撃墜、柏葉騎士鉄十字章を受け、二十五歳の若さでリヒトホーフェン戦闘飛行団長となった超エースである

一撃離脱型のMe109E重戦闘機

が、イギリスの空の守りに届したのだった。

当初、ドイツ空軍としては、ハインケルHe111、ユンカースJu88、ドルニエDo17の各双発爆撃機を護衛させるのに、長距離型のメッサーシュミットMe110双発複座駆逐機を当てていたのだが、これが「ハリケーン」や「スピットファイア」に簡単に食われてしまう事態となって、あわててMe110にさらにMe109単座戦闘機を二重につけるという無駄を招いた。すなわちMe109は、爆撃機とMe110複戦の双方を守らねばならなくなり、自らの行動を大きく制限される不利につながっていたのである。

さらにMe109Eが、先細主翼の面積一六・一平方メートル、翼面荷重は一六二キロ/平方メートルあって、完全に一撃離脱型の重戦闘機だったの対し、「スピットファイア」Mk1は楕円主翼の面積が二二・五平方メートル、翼面荷重一一七キロ/平方メートルの格闘空戦型軽戦闘機とあれば、長距離進攻性のない攻撃タイプのMe109は、地元の利とレーダー支援を生かし、相手の手のうちを読んだ防衛タイプの「スピットファイア」に、ジワジワと主導権を奪われていくのは当然であろう。

だからこそ、ドイツ空軍戦闘機隊のベテラン・パイロットたちは、Ｍｅ109Ｅ－３の性能向上改良型を待ちのぞむとともに、「スピットファイア」を大きくしのぐ新型戦闘機の投入されることを願ったわけだった。

八月三十一日には、イギリス側は三九機という期間中最大の損失をこうむったものの（一四人のパイロットが戦死）、ドイツ側も四一機（爆撃機をふくむ）を喪失して、双方とも攻撃力、防衛力に重大な支障をきたした。ヒトラーおよびゲーリングにとって、この決定打のないもたつきぶりは耐えがたいものとなり、九月七日からのロンドン爆撃を決意することになる。

実はドイツはここで、大きな錯誤をおかした。九月三日に行なった、ハーグにおけるゲーリングと二人の航空艦隊司令官、アルベルト・ケッセルリンク、フーゴー・シュペールの重要会談で、ゲーリングが、

「九月七日からロンドン爆撃を開始する」

と告げたとき、シュペールは、

「イギリスにはまだ一〇〇〇機近い戦闘機があるはずです。だからロンドンを空襲するよりも、基地攻撃を続行すべきでしょう」

と反対したが、ケッセルリンクは、

「いや、イギリスにはもう手持ちの飛行機はほとんどありません。わが爆撃隊の被害というのは、悪天候によるものが大部分です」

といいきったのである。このときドイツ空軍情報局長のシュミット少佐は、

「イギリス戦闘機の数は、最大限三五〇機と思われる」

との見積もりを提出していたので、ヒトラーからロンドン爆撃を強要されたゲーリングは、シュペールの意見を簡単にしりぞけてケッセルリンクに賛同、ただちに指令を発した。

だが、実際にはイギリス戦闘機は六五〇機あったので、シュペールの見積もりのほうが正しく、もしこのときロンドン爆撃を延期して基地攻撃を続けていたなら、イギリスの戦闘機はジリ貧となり、ロンドンその他の都市もほとんど無防備状態になって手をあげざるをえなくなったかもしれない。

第二次大戦におけるヨーロッパの戦局は、ここで大きなヤマ場を迎えていたわけである。

ロンドン爆撃が英軍士気を向上

ロンドン爆撃に呼応して、英本土上陸を強行しようとする〝あしか作戦(シーライオン)〟の遅れに業を煮やしたヒトラーは、大規模(爆撃機二〇〇〜三〇〇機、戦闘機四〇〇〜七〇〇機)のロンドン空襲部隊をしばしば送り込んだ。

まず九月七日は、イギリス戦闘機隊防衛陣の虚を衝いたドイツ攻撃隊(第2航空艦隊の爆撃機三九二機、戦闘機六四二機)に分があったが、とどめの一撃と思った九月十五日昼間(日曜日、晴れたり曇ったり)には、五六機の未帰還機を出し、イギリス側の二六機喪失(うち一三機のパイロットは生還)をはるかに上回った。

これでゲーリングは翌十六日、

「なおいっそう戦闘機隊の爆撃隊護衛を密にせよ」

失速特性	低速時における操縦性	操縦性最良の速度域 km／h	操縦性の悪くなる速度 km／h	急降下性	急上昇性
急旋回中、突如失速してスピンに	操舵の感覚が軽く効き悪し	220〜330	430	やや良	やや良
悪いクセがなく急旋回もスムーズに	操舵の感覚がつかめ効きよし	240〜320	420	良	良
失速からの回復容易でスピンなし	操舵の感覚は抜群	200〜350	400	やや良	良
良　　好	操舵の感覚良好	230〜330	450	良	良

という指令を出したが、ときすでに遅く、ヒトラーも十七日になって上陸を決めざるをえなくなり、ロンドンに対する高々度爆撃および夜間爆撃作戦に切り換えたのである。

有名な史家、ハンソン・ボールドウィンはつぎのように述べている。

「九月七日、戦闘に勝てると思い込んだヒトラーは、自分の怒りをあおりたて、主要目標として戦闘機集団の兵力でなくロンドン地区を選んだ。回想してみると、これは大きな二つの誤算のうちの一つだった。ロンドン爆撃は英戦闘機集団に息を吹き返すチャンスを与え、そしてそれはドイツ空軍にいっそうの深入りを強い、そのために爆撃機と航続距離の短い戦闘機を、いっそう多く失わせることになった。それは世界世論の反感を買い、世界中の人々の心をかりたててイギリス支持になびかせ、イギリス人の決意を固めさせ、ドイツを敗戦に導く主因の一つとなった」

しかしこのロンドン爆撃も、一九三六年当時ヴェーフェル大将（空軍参謀総長）の四発戦略爆撃機計画が採用

「スピットファイア」Mk1とMe109E（参考・零戦、Fw190A）の操縦性比較

機　　種	国	最大速度 km／h (高度m)	上昇時間 m／分秒	海面 上昇率 m／分	旋回半径 m
スーパーマリン 「スピットファイア」Mk1	英	570 (5000)	4500／ 6′12″	730	212
メッサーシュミット Me109E-3	独	570 (5200)	5000／ —	930	270
三菱A6M2 零式艦戦21型	日	509 (5000)	6000／ 7′27″	1000	180
フォッケウルフ Fw190A-1	独	620 (5500)	6000／ 4′30″	870	240

されていれば、爆弾搭載量も少なく防御も弱い、そして航続距離のそう長くない双発爆撃機ハインケルHe111、あるいはJu88、Do17に泣くことなく、ドイツの英本土進攻作戦は成功していたであろう。

それにしても王手をかけながら〝美濃囲い〟で逃げられてしまったのは、しばしば触れておいたように、Me109と「スピットファイア」の性格の違いである。一撃離脱型の重戦で航続力がなく、ロンドン上空で一五分ていどの滞空時間しか持たないMe109を、持ち前の粘り強いジョンブル魂に操られた軽戦「スピットファイア」は、時間切れさせたうえ巴戦にまきこみ撃墜していった。

それにはやはりレーダーによる早期警戒、支援・コントロールシステムがあったからこそであるし、守る側としての地の利も大きな要因になっていたのであって、単にMe109が「スピットファイア」に劣っていたということにはならない。もし立場が逆であったなら、Me109はむしろ勝利を博していたかもしれない。

いま上表に、両者の比較テストを行なったイギリス・ファンボローの国立航空機研究所のレポート（一九四〇

年五月）から、Ｍｅ109Ｅ、「スピットファイア」Ｍｋ１、それに日本の「零戦」を交えて、それぞれの操縦特性を表示してみよう。

これをみると、Ｍｅ109が意外に低速時の旋回性に劣っていないことを発見するが、施回半径の大きさと操縦性最良の速度域の小さなことが、帰投を急がなければならないハンデを背負った格闘機で、不利を招いたといえそうだ。

「スピットファイア」Ｍｋ２でＭｅ109Ｅを追い抜く

ところで「スピットファイア」Ｍｋ１自身も、ダンケルクの戦闘からウィークポイントをのぞかせていた。それは急降下にはいったとき、普通のフロート型気化器を用いた「マーリン」エンジンは、Ｇ（重力加速度）の影響を受けて燃料供給がとまり、プスプスと息切れ現象を起こすことだった。

これは敵機を追う、あるいは退避するときかなり不利をともなうわけで、〝バトル・オブ・ブリテン〟でも大きな問題となっている。もちろんＭｅ109においては、燃料直接噴射式のＤＢ601をつけているので、Ｇがかかってもまったく息をつかない。

あわてたイギリス空軍は、「スピットファイア」Ｍｋ１の改良を急がせていたが、その２型は六月末にようやく一〇機、九月末までにはさらに一一五機を完成させただけだった。それも生みの親のスーパーマリン社では無理なことがわかって、ビーバーブルック航空機生産相のお声がかかり、親会社のビッカース社に生産を引きつがせたといういきさつがある。

「スピットファイア」Ｍｋ２は、より強力な「マーリン」12型一二八〇馬力を装備して、防

スーパーマリン・スピットファイアMk2。マーリン12型エンジンを搭載

弾鋼板をつけ上昇力もぐっとよくなったから、量産機が〝バトル・オブ・ブリテン〟に間に合っていたなら、イギリスはもっと楽な戦闘をしていたかもしれない。

同じく弱点をにぎられてしまったメッサーシュミットMe109も、E-1からE-2、E-3、そしてE-4、E-7、E-8（E-5、E-6、E-9は偵察型）まで少しずつ改良されていったが、〝バトル・オブ・ブリテン〟に出動したのは、最も多く生産された標準型のE-3がほとんどである。

そのもっとも大きなウィークポイントといわれた足（航続力のこと）の短さは、航続距離約六五〇キロ（約二時間）でドーバー海峡を渡っての英本土侵入が、海岸線から約一〇〇キロ前後であり、He111爆撃機とMe110複戦を守るだけが精いっぱいで、満足に空戦を行なえるというものでないお粗末さだった。

しかしこれは「スピットファイア」についても同様のことがいえ、つまるところいずれもヨーロッパの局地戦用戦闘機だったのである。のちに落下タンクもつけるようにはなったが、日本およびアメリカで、太平

単座戦闘機の火力

下図と数字は、各戦闘機の武装と、3秒間に発射可能な弾丸の重量の総計であるが、同型式の兵器でも発射速度が10パーセントくらいちがうことがあるので、これらの数字はおおよそのものである。

防弾性のたかい米軍爆撃機に反撃するための必要にせまられたドイツ軍は、空対空兵器の開発に力をそそぎ、第二次大戦末期、この分野ではドイツがすべての国をリードしていた。ロケット弾の開発や、やっかいな大口径砲にたよることなく発射弾重量を増す一つのこころみであった。ロケット弾の場合、発射重量は弾頭部の重量をしめしている。

Wgr21は陸軍のロケット臼砲弾を改造したまにあわせの兵器であった。これは発射後約1000メートルで爆発するように時限信管がつけられていたが、この距離の測定が困難だったのでWgr21による撃墜数はすくなかった。

これより小さいR4Mロケット弾は触発信管がついていた。これは爆撃機編隊にたいして斉射すると、きわめて有効となる可能性はあったが、実用化がおそすぎ、じゅうぶんな成果をあげるにはいたらなかった

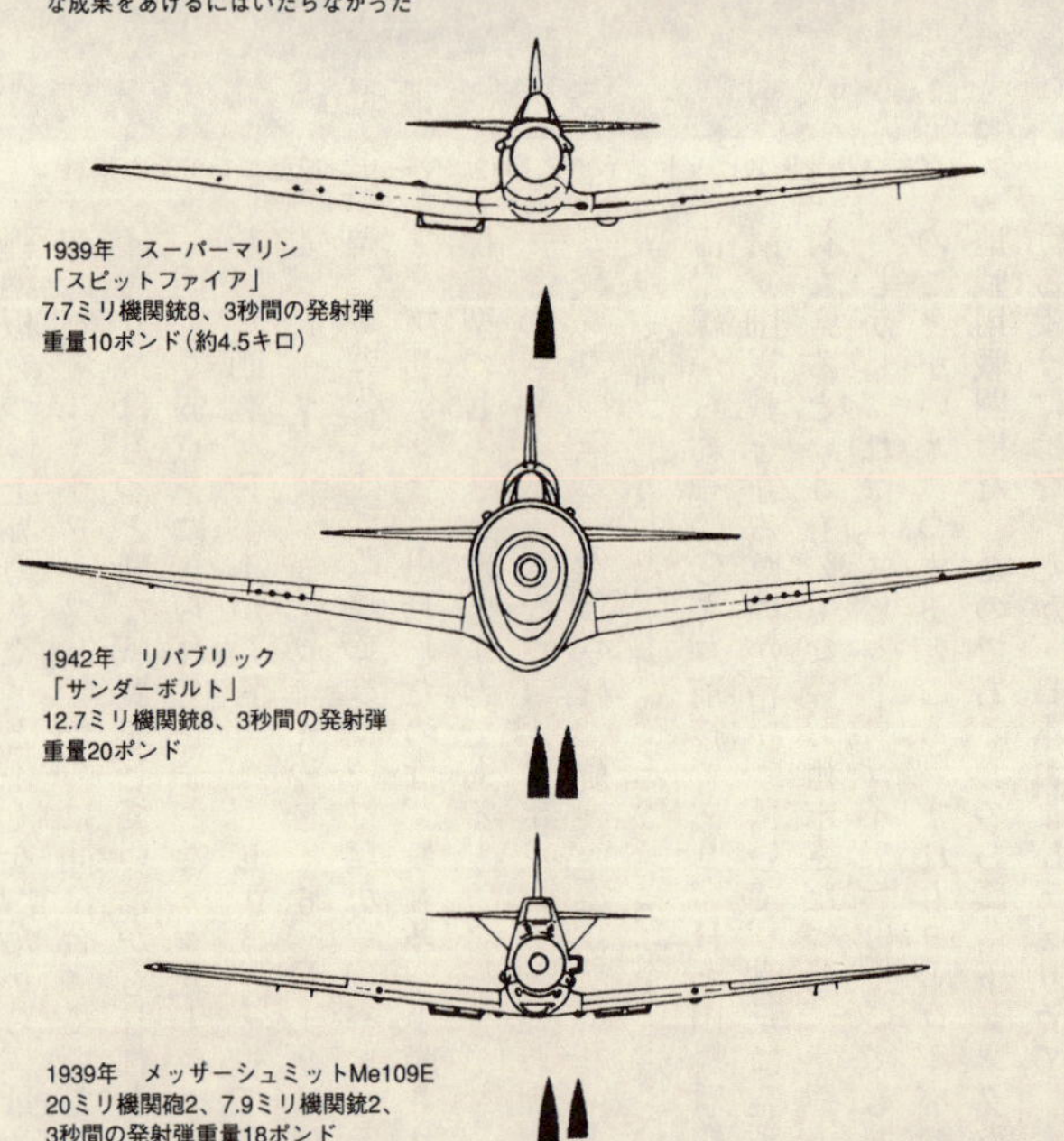

1939年　スーパーマリン
「スピットファイア」
7.7ミリ機関銃8、3秒間の発射弾
重量10ポンド(約4.5キロ)

1942年　リパブリック
「サンダーボルト」
12.7ミリ機関銃8、3秒間の発射弾
重量20ポンド

1939年　メッサーシュミットMe109E
20ミリ機関砲2、7.9ミリ機関銃2、
3秒間の発射弾重量18ポンド

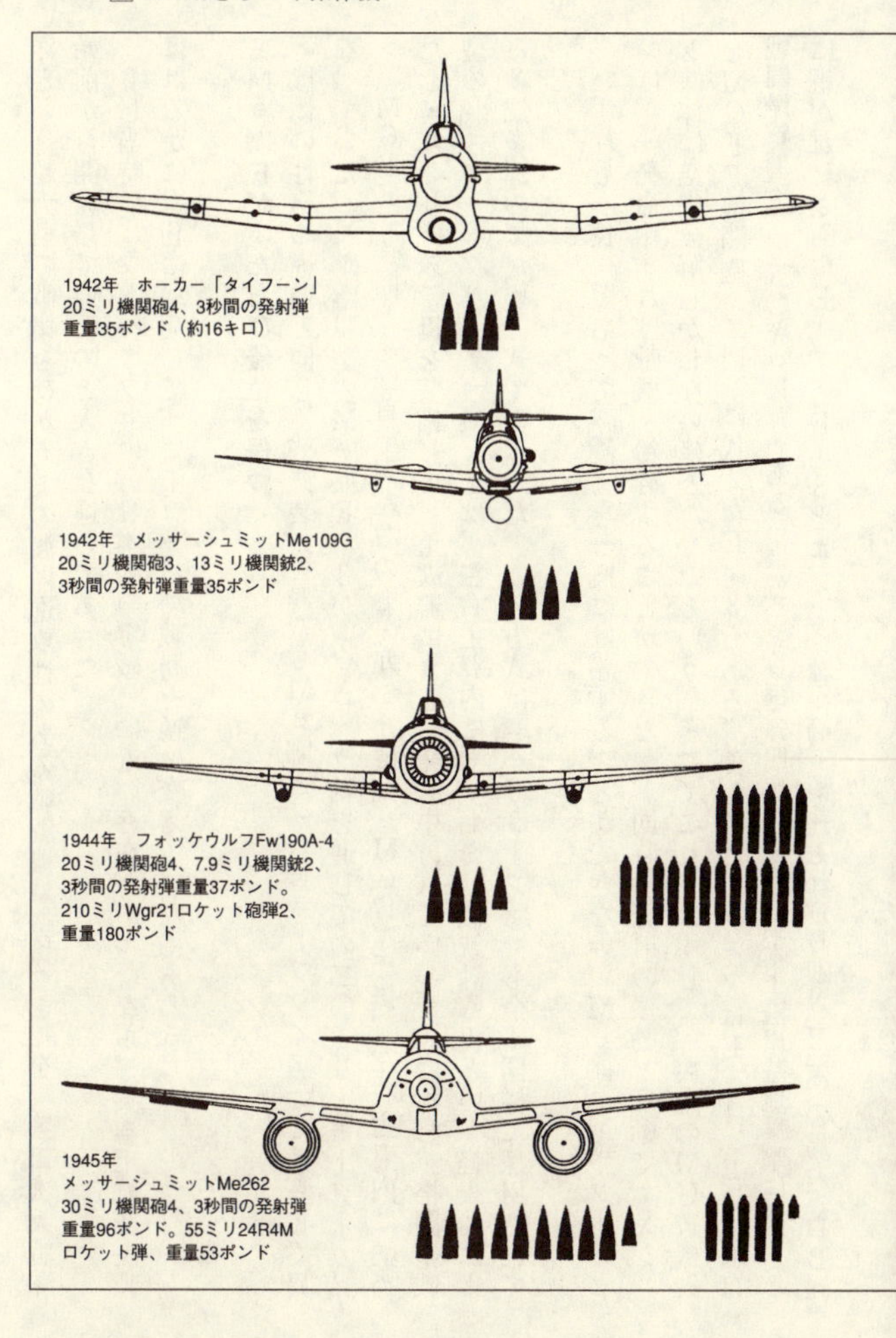
1942年　ホーカー「タイフーン」
20ミリ機関砲4、3秒間の発射弾
重量35ポンド（約16キロ）
1942年　メッサーシュミットMe109G
20ミリ機関砲3、13ミリ機関銃2、
3秒間の発射弾重量35ポンド
1944年　フォッケウルフFw190A-4
20ミリ機関砲4、7.9ミリ機関銃2、
3秒間の発射弾重量37ポンド。
210ミリWgr21ロケット砲弾2、
重量180ポンド
1945年
メッサーシュミットMe262
30ミリ機関砲4、3秒間の発射弾
重量96ポンド。55ミリ24R4M
ロケット弾、重量53ポンド

洋という超大型の戦場をひかえての渡洋進攻性のある戦闘機（増槽つき）を、第二次大戦開始前から開発していたのと大きな違いであった。
もし当時のルフトバッフェに、日本の「零戦」に近い存在があったなら、英本土航空決戦ははるかに有利に展開して、ヨーロッパの戦局を逆に変えていたであろう。

Me109Fがふたたび優位を保つ

機体の性格の違いと同じく、武装（火器）もMe109と「スピットファイア」では著しく異なっていた。一撃離脱型のMe109E－3が、プロペラ軸を通しての二〇ミリ・モーターカノン（MGFF）一門と、機首上面左右の七・九ミリ機銃（MG17）二梃、左右主翼内に納めた七・九ミリ機銃二梃を装備して、重火器による一発必中方式でいったのに対し、格闘空戦型の「スピットファイア」Mk1は、左右主翼内に七・七ミリ機銃計八梃という軽火器による多銃多弾の腰だめ方式でのぞんだ。この方式は「ハリケーン」でも全く同様に採用されていた。

いずれも一長一短あって、優劣を一概には論ずることができない。Me109のモーターカノンは、一発命中すれば敵機を粉砕することができたが、同時に発射の振動と反動でエンジンと機体は空中分解しかねないほどだったという。そこでこれをはずして、翼内のMG17機銃をMGFF機関砲（二門）に代えたE－3もある。そしてこのタイプはE－4（E－4Bは戦闘爆撃型で、二五〇キロ爆弾一あるいは五〇キロ爆弾四をかかえ、英本土沿岸基地爆撃に任じた）に継がれ、さらにE－7、E－8とエンジン強化型（それぞれDB601N一二〇〇馬力、DB601

E一三〇〇馬力）につながるが、その生産機数はすでにF型開発がはじまっていたためわずかであった。

また「スピットファイア」や「ハリケーン」の七・七ミリ機銃は一梃では威力が低いが、八梃となると命中率はぐんと高くなり、さらに相手を火ぶすまの恐怖感に追い込む効果を発揮した。

この多銃多弾方式はMk2（Mk3、4は試作のみ）、Mk5A（一九四一年三月より引き渡し）までつづけられ、〝バトル・オブ・ブリテン〟でルフトバッフェを押し返す原動力の一つとなって、Me109に優勢勝ちをおさめたのである。

なお十一月二十八日午後、サウサンプトンの戦闘機工場爆撃の援護を引き受けたJG2〝リヒトホーフェン飛行団〟は、「スピットファイア」の猛烈な集中攻撃を受け、飛行団長ヴィック少佐もついに戦死した。

この不死身とも思えるエースをうちとった、まき返しの「スピットファイア」とパイロットの気迫もまたすさまじく、マーマデューク・パトル少佐（最終五一機、一九四一年戦死）、ブレンダン・フィニュケン中佐（三二機、一九四二年戦死）、アドルフ・マラン大佐（三二機）、ジョン・ブラハム中佐（二九機）、ロバート・スタンフォード・タック中佐（二九機）、フランク・ケイリー大佐（二八機）らのエースが活躍している。

一九四〇年末になると、量産され、部隊配備された「スピットファイア」Mk2は英本土上陸作戦を中止して散発的につづけるルフトバッフェの英本土および海岸基地、艦船航空攻撃に出動して、ライバルのMe109E－3、E－4を圧倒しはじめた。やはりエンジンのパワーアップで上昇力がよくなり、防弾設備もととのったからだった。それに一本調子なゲルマン式空戦法を、ねばっこいジョンブル式空戦法でまき込んでいったのである。

一九四一年にはいって、ドイツとしては予定外の北アフリカに戦線が伸びることになった。フランスの降伏する直前、盟約によって参戦したイタリアが、北アフリカに展開してドイツを側面援助するはずだったのに、イギリス軍のためあえなく撃破されてしまったからである。「頼りがいのないイタ公め！」とくやしがっても、そのままほうっておくわけにはいかない。これも一〇個師団が捕虜になっているとあれば、援軍を至急派遣しなければならない。これが有名なロンメル将軍のロンメル軍団で、これに混成の一個航空兵団が投入された。

ルフトバッフェの期待するMe109F－1の量産機が部隊に配属されはじめたのはこのころで、Me109Eを総合性能でわずかに上回っていた「スピットファイア」Mk2に、こんどは逆に差をつけた。

エンジンがE－7と同じDB601Nの一二〇〇馬力だったが、空気取入口や冷却器を改造し、スピンナー・キャップを大きくカウリングも整形して、ぐっとスマートになった。F－2ではそれまでの角型翼端から円型翼端になり、見違えるばかりである。さらに水平尾翼の支柱も取り去って片持式としたが、これは激しい振動を呼んで改修に手間どった。

武装はますます機軸中心主義となりプロペラ軸のモーターカノン（F－1と2は一五ミリ、F－3以降は二〇ミリ）と機首上部の七・九ミリ（あるいは一三ミリ）機銃二梃だけとなった。これに対して、JG26のガーラント少佐は、重火力を望んで両翼下に二〇ミリ砲二門をとりつけさせ、対爆撃機戦闘に備えたが、JG51のメルダース少佐らは、軽火力を好んでいたと

Me109F-1。スピットファイアMk2の性能を上まわった

いう。

いずれにせよFシリーズは、スピードはもちろん旋回性から上昇力まで向上し、ふたたび英仏海峡および北アフリカ戦線で「スピットファイア」より優位に立ったが、すでにこのとき、イギリスではこのことあるを見越しての「スピットファイア」の改良型、Mk5が完成、一九四一年三月からRAF（英空軍）へ引き渡されはじめていた。

「スピットファイア」Mk5をおびやかすFw190

この「スピットファイア」Mk5は、Mk3が胴体、脚、尾輪などの改良で手間どりキャンセルされたのに対し、Mk1そのままの機体にエンジンをロールスロイス「マーリン」45（一段一速過給器つき一五一五馬力＝三四〇〇メートル）につけかえただけのものであるが、最大時速（五九〇キロ）、上昇力（六一〇〇メートルまで七分三〇秒）ともMe109F-2とほぼ同じ性能となった。

また火力も、七・七ミリ八梃の5A、二〇ミリ機関

銃二門と七・七ミリ四梃の5B、およびA、B二種のほか二〇ミリ四門のいずれも選べる5Cと、幅広くなっている。
　それに翼面荷重が一三〇キロ／平方メートルを割ったから（Me109F-2は一七五キロ／平方メートル）、旋回性は相変わらずよくMe109を上回った。
　そして何よりも有利になったのは、落下タンクを両翼

Fw190A-1

下に二個つけて最大航続距離が一八〇〇キロに伸びたことである。
　これはイギリス軍がヨーロッパにおいて、反攻に転ずるための大きなメリットとなる。
　折りも折り、こんどはハンブルクとブレーメンで量産にはいっていたフォッケウルフFw190A－1が、ルフトバッフェに引き渡され、実戦部隊に配属されはじめた。これを手の

うちに入れるべく、試乗したパイロットたちのほとんどが、

「すばらしいスピードと上昇力、そしてダッシュ力だ」

と感嘆した。

「たとえ不意に襲われても、このダイブ・スピードならだいじょうぶ」

ともいった。ガーラント少佐などは、

「どちらかというと、私はMe109より『スピットファイア』を選ぶが、このFw190ならこちらをとる」

とあからさまにいった。こうした言動が、のちに空軍幹部からにらまれる原因となる。

とにかくMe109E、Fを、そして「スピットファイア」Mk2、さらに同5をしのぐ新鋭機の出現に、Fw190を配備されたJG（戦闘飛行団）には喜色がみなぎってきたが、いかんせんその機数はまだ少なかった。つまり一九四一年春までに初の量産一〇〇機が完成しただけだった。

さらに武装の貧弱なこと（七・九ミリ機銃四梃）がやはり問題となり、機首上部の二梃はそのままとして、主翼内側の二梃をMGFF二〇ミリ機関砲二門にかえ、他の細部改良とともにA－2として生産することになった。

その数機を、同年五月からフランスのルブルジェ派遣審査部隊にもっていき、さらにA－1のほうと合わせ、一個戦隊を編成して六月から実戦テストを行なったところ、やはり相当な手ごたえを感じた。

パリ方面を空襲に向かったイギリス空軍の「スピットファイア」のパイロットも、

「空冷エンジンの敵戦闘機と遭遇、追尾むずかしく敏捷」
と報告している。

ちょうど四月六日から同月二十八日まで、ユーゴ、ギリシャに対する電撃戦があり、とくにギリシャではクレタ島を占拠するイギリス・ギリシャ連合軍を空挺団支援のもとに一〇日間で撃破、奪取するというハプニングまでつけて、まだまだ「ドイツ強し！」の印象を世界に与えていた。

つづいて六月二十二日には、いっきょにソ連を殲滅せんとする〝バルバロッサ〟作戦に出、計一三六個師団の大軍が独ソ国境からソ連へなだれ込み、意気天を衝くものがあった。

しかし、この東部戦線拡大により、第2航空艦隊からJG51、JG52、JG54、JG3を引き抜かれて、西部戦線の北フランスに駐留する戦闘飛行団は第2〝リヒトホーフェン〟(JG2)、第26〝シュラゲター〟(JG26)の二個戦闘飛行団だけとなった。

機種もMe109EからFへ改編したばかり、「スピットファイア」Mk2にはやや有利だったが、Fと同時に登場した「スピットファイア」Mk5とほぼ互角の体勢という苦しい立場となった。つまりは彼我のパイロットの腕とカンで勝敗が決する、といった絶好のライバル同士であった。

そこへこの両者を上回る好性能機、Fw190が投入されたとあれば、ルフトバッフェのファイトもまたわきあがるというものであろう。

4「スピットファイア」を圧倒

一九四一年初夏、英本土進攻計画が挫折したヒトラーは、北アフリカ、地中海方面の作戦を進展させ、さらにソ連への侵攻も、ゲーリングらの制止をきかず強行した。

このヨーロッパの重大局面で、改良されたメッサーシュミットMe109Fとスーパーマリン「スピットファイア」Mk5の両ライバル同士に、新しく加わったフォッケウルフFw190Aは、ほとんど同時にクツワをそろえ、西部戦線を舞台に戦うことになるのである。

それが宿命であるかのように、Me109と「スピットファイア」のシーソーゲームはつづくが、やはり新しく設計されたFw190「もず（ヴュルガー）」の実力は一枚抜きん出ていた。

やはり実力発揮したFw190

ルブルジェの審査部隊にきたFw190が、パリ付近に来襲したイギリス空軍の「スピットファイア」と遭遇したとき、彼らはその未知の戦力を秘めながらあえて空戦にはいることなく、相手の出方をみてダイブにはいり避退していった。つまりまだ手のうちを知られたくないためである。

当時、JG2（第2戦闘飛行団）は、パリに司令部を置く第3航空艦隊のもとにあり、フランス西部のシェルブールからブカレストまで、またJG26はブリュッセルが本拠の第2航空艦隊のもと、カレー、ブローニュ、ディエップまでを受けもっていた。

そしてこの二つの戦闘飛行団は、Me109のE－7およびF－2に改編されていたが、一九四一年七月にはついにFw190A－1およびA－2が、JG2のベルギー駐留第6中隊に配属され、Fw190E－7と入れかわった。

このJG26は、アドルフ・ガーラント少佐が飛行団長で、第4、第5、第6各中隊の所属する第II戦隊の指揮官はワルター・アドルフ大尉（このときまで二九機を撃墜）であった。九月一日までに、この第II戦隊はすべてFw190A－1に置き換えられ、「スピットファイア」Mk5との本格的見参をいまやおそしと待ち構えたのである。

九月初め、チャンスはついに到来した。

JG26第6中隊の四機が、ダンケルク上空で「スピットファイア」Mk5と接触したのである。

「スピットファイア」は一〇機前後であったが、Fw190は巧みに太陽を背にして先制攻撃をかけ、その三機をまたたくまに撃墜してしまった。

イギリス側は陽光に眩惑されたのとあまりの早技に、それがどんな機種であるかをつかめなかったといわれるが、このときのパイロット技倆でもドイツ側に優れたものがあったのであろう。

しかし九月十八日には、JG26の第II戦隊の八機がドイツ船団の護衛に向かったところ、ベルギー沖で「スピットファイア」に守られたブリストル「ブレニム」軽爆撃機と遭遇し、相手に損害を与えたが、第II戦隊長ワルター・アドルフ大尉も撃墜されてしまった。

スピットファイア Mk5b。旋回性では Me109より優れていた

これはFw190による最初の犠牲（事故死を除く）であった。

イギリス側ではこれを、ドイツがフランスで捕獲したアメリカ製のカーチス「ホーク」75A戦闘機と思っていたという。

さらに九月二十七日、ふたたび「スピットファイア」Mk5と交戦したFw190の一機が撃墜されて、その高性能を喜ばれながらも、BMW801C－1エンジンのシリンダー・ヘッドが、二段目で過熱すること、両翼のMGFF二〇ミリ砲の発射速度が低いことが問題になった。

またFw190製造工程上の不備から不調な機体もあったようである。

そこでエンジンを、ちょうど量産化された離昇出力一七〇〇馬力のBMW801Dgに替え、翼付根にMG151二〇ミリ砲二門をプロペラと同調式で、またMGFF

二〇ミリ砲二門を外翼に移して（機首上部の七・九ミリ機銃二梃そのまま）、安定強化したA－3へ切り換えることになった。

当初のFw190A－1そしてA－2の量産は、期待に反してうまくいかず一九四一年末までに僅か二一〇機完成しただけなので、かえって安定化したA－3への移行はスムーズにいったといえる。

量産態勢も具体

Fw190A-3

化されて、ティットウ／メクレンブルクとマリエンブルクのフォッケウルフ工場、オスケルスレーベンのアゴ工場、カッセル・バルダウのフィゼラー工場、そのほか中小飛行機工場を動員しての生産で、一九四二年の初めにはMe109、Fw190両単座戦闘機月産総数五〇〇機のうち、Fw190A－3は約三〇〇機を占めるまでになった。

エルンスト・ハインケル

ウーデット自殺しメルダース事故死

〝バトル・オブ・ブリテン〟とそれにつづく地中海作戦、一九四一年六月二十二日からの対ソ作戦で、ドイツ空軍パイロットの消耗ははげしく、ヨッピン大尉をはじめ撃墜二〇機、三〇機のエースたちもぽつぽつと失われていった。

その年の秋には、ドイツ航空省でパイロット早期養成戦列化に関して、あわただしい動きがつづいたが、このころすでに航空省内は、ナチ党の勢力が強く浸透して、若手の党員がゲーリング空相の威を借りて威張り散らし、情実がまかり通るという、さながら〝伏魔殿（ふくまでん）〟の様相を呈していた。

つまり、ナチ党員の軍人や民間人に対しては、いろいろと便宜がはかられ昇級を早められたり、仕事も多く出されるといった按配だったが、党員でない者やゴマすりのへたな者には、ほとんど恩典がないばかりか、下級技術将校や役人にどなられ鼻であしらわれるというみじめさであった。

その好例が設計者のウィリー・メッサーシュミットとエルンスト・ハインケルであった。党員であるメッサーシュミット博士が自らの戦闘機（Ｍｅ109、Ｍｅ110など）を制式機としてぞくぞく量産させたのに対し、多分に自由主義的なハインケル博士は優秀な戦闘機、爆撃機、時代を先取りしたジェット機、ロケット機を試作しながら、航空次官のミルヒ元帥、航空兵器長官のエルンスト・ウーデット大将およびナチ官僚から冷たくあしらわれ、力を発揮できずに終わったのである。

また航空省内部における軋轢も大きく、ゲーリングの代理として作戦、教育、技術、生産の各部門を統轄していたエアハルト・ミルヒ航空次官は、第一次大戦のエース（六二機撃墜）なのに曲技、冒険飛行が好きでボヘミアン的性格のウーデット航空兵器長官を、その任に適さないとみて、みずからその職も兼任するようになり、彼を完全に宙に浮かせ、孤立化させていた。

ウーデットは初め航空技術局長の職にあり、このとき若手技術将校たちをすっかり甘やかせ、セクショナリズムの場としてしまったといわれるが、これにより民間航空企業との癒着や情実を生む結果になっている。

エアハルト・ミルヒ航空次官

好き勝手なウーデットは、初代空軍参謀総長ヴェーフェル大将の四発戦略爆撃機案を、自らの推進するユンカースJu87急降下爆撃機でほうむり去ったり、メッサーシュミット博士をかいかぶって「戦闘機はMe109一機種だけでいい」と量産に拍車をかけた。フォッケウルフFw190に対しても、初めブレーキをかけながら生産を行なったのは、このような事情による。
こうしたことがすべての生産計画に狂いを生じさ

せ、さらには部下の掌握より操縦を楽しんでいるウーデットに、ミルヒ次官が見限って閑職を与えることとなったわけである。

失意のウーデットは、ごく親しい友人に、

「ナチのやり方は非科学的だ。私も間違っていたかもしれないが、彼らはもっと独善的でひどい」

と逆うらみしていたが、公的にはそれも言えずついにノイローゼ状態となり、様子を見に訪れたハインケル博士にも、あらぬことを口走るほどひどかったという。

そして一九四一年十一月十七日朝、自室のベッドの上でついにピストル自殺をとげてしまった。

〈ウーデット大将は十一月十八日、自ら新型機をテスト飛行中、墜落して死亡した〉

というのが、国防省の公式発表であった。

ヒトラーとゲーリングは、形式的に国葬をもって報いることとし、棺側の衛士に一〇名の大戦勲功者をつけることにしたが、その一人に当然ながらJG51の戦闘飛行団長から八月七日、戦闘隊総監になったヴェルナー・メルダース大佐（一一三機撃墜）が選ばれた（そのほかガーラント大佐、エーザウ少佐も衛士として参加）。

彼は第一線航空将兵の信望を一身にあつめ、わずか三十歳にして大佐、総監になった空中戦士であるが、ウーデットの棺をかつぐ衛士として指令を受けると、戦線視察中のクリミア半島からHe111輸送機に乗って急ぎベルリンに向かった。

搭乗機のパイロットはコルベ中尉で、メルダースとはスペイン内乱以来の親友だった。メルダースはコルベの隣、副操縦士席に座り、後ろの座席には同行のヴェンツェル大尉が乗った。

十一月二十二日、中継地レンベルク飛行場を出てから一時間ほどして、左エンジンが火をふき、右だけの片肺飛行をつづけたが、濃霧にさまたげられてブレスラウ・ガンダウ飛行場に不時着陸しようとした。そのとき機体が障害物に触れて激突大破、メルダースは即死してしまったのである。

このときヴェンツェル大尉は助かっており、メルダースが彼に楽な後席をゆずったための事故死であることがわかって、メルダース株は死後さらにあがった。戦後もなお、彼への追慕の情が消えていないという。

ウーデット大将(左)とメッサーシュミット博士

ウーデットの国葬につづくメルダースの国葬で、ドイツ国民は戦争の前途に暗いものを感じないわけにはいかなかった。

なおヴィック少佐、エーザウ少佐、ハーン少佐、リバート大尉らは、みなメルダース大佐の指導を受けたエースたちであった。またメルダース大佐の死にともない、戦闘隊総監の後任にはガーラント大佐が就任した。

義足のエース英軍のバーダー

ここで〝バトル・オブ・ブリテン〟で二三機を撃墜（イギリス空軍の第二〇位）した、イギリス側の特異なエース・パイロットについて記しておかなければなるまい。その名はダグラス・R・S・バーダー少佐で、一九一〇年の生まれである。

たいへんな運動神経の持ち主で、イギリス空軍にはいって曲技チームのリーダーとなって活動しているとき、一九三一年十一月、低高度横転中に主翼が地面と接触、搭乗の「ブルドッグ」戦闘機は大破し、両足を切断する重傷を負った。

このため彼は空軍を離れていたが、第二次大戦がはじまると、かつての同僚でいまは空軍首脳となっている友人にたのみ、両足義足のまま再び空軍パイロットに復帰した。これはバーダーだからなれたのだし、戦時だったからできたのである。

一九四〇年五月三十一日、彼は「スピットファイア」Mk1に乗ってダンケルクのイギリス軍を援護中、メッサーシュミットMe109Eを撃墜して初戦果をあげた。両足義足とはいえ、バーダーの空戦技は敵を大きく上回っていた。この自信と肉体的ハンデから、彼の教育と訓練は目のとび出るようなきびしさであったといわれる。

しかしこれが実って、同年八月三十日には「ハリケーン」一二機でドイツ側一二機を撃墜し、全機無事帰還するという大戦果をあげている。

翌一九四一年八月九日、フランス上空に進攻してMe109の編隊とぶつかり、その二機を撃墜したが、三機目と接触して尾部をもぎとられ脱出、パラシュート降下により助かった。しかしドイツ占領地だったので捕虜となり、すぐ病院に入れられた。

この病院に四〇機撃墜目前のアドルフ・ガーラントが見舞いに訪れた。もちろん両足義足のエースとして、ドイツにもバーダーの名が知られていたからであるが、名人は名人の価値を知るのたとえどおり、決して尋問して情報を得ようというのではなく、心から労をねぎらい、負傷見舞いをするためであった（ガーラントの著書による）。

ガーラントはバーダーを飛行場へ案内し、

「あなたに秘密はない。メッサーシュミットでも見て気分の転換をはかりなさい」

とすすめると、じっとMe109をみつめていたバーダーは、

「コクピットに座らせてもらえないか」

と聞いた。

「どうぞ、乗りなさい」

の声が終わらぬうちに、バーダーは主翼後縁に左義足をかけ、右義足を右手でかかえあげて座席に入れると、左義足も同じようにして入れ、自分で座った。

ダグラス・R・S・バーダー少佐

計器類を見回したあと、そばに立っているガーラントに、

「やはりメッサーシュミットだけある。ぜひ一度飛んでみたい。この飛行場の上を一周するだけでいいから、許してもらえませんか」

と、ぬけぬけと言った。

「気持はわかるが、あなたが飛べば私もすぐ後ろを飛ばなければならなくなる。もう撃ち合いたくないから、許可できませんな」

ガーラントは当惑しながら答えたが、やはりバーダーにはすきあらば脱出逃亡しよう、という意志がつねにあった。その後、病院からうまうまと抜け出したものの、すぐにつかまってしまう。

しばらくして飛行場と病院が猛爆撃を受け、同時にイギリスにたのんだバーダーの義足も投下された。ガーラントは、イギリス人の高圧的執念深い思想と現実を、このときつくづくと思い知った。

バーダーはそれからも、何回か逃亡しようとしたが、そのつど連れ戻され（足が不自由なのでうまくいかない）、ドイツで終戦を迎えた。

彼は釈放されてイギリスに帰還したとき、こんどはアメリカ軍の捕虜としてロンドンに連れてこられたガーラントと再会した。

バーダーは警備兵に、

「わしが世話になったガーラント将軍を、丁重に扱うようにな」

と言って、ガーラントに好物の葉巻を手渡すと、義足を鳴らして後も見ず去っていったと

いう。

一時的にも決定的な優位をもたらす

一九四一年も暮れようとする十二月八日、日本海軍航空隊のハワイ真珠湾攻撃によって太平洋戦争が始まった。日本がアメリカ、イギリスをはじめとする外圧を、一挙にはね返すべく立ち上がったのだが、一九四〇年九月に結んだ日独伊三国軍事同盟で、枢軸陣営と自由陣営の宿命的対立抗争に巻き込まれたものといってよかろう。

この太平洋戦争によって、ドイツはイギリスひいてはソ連を日本が牽制してくれるものと大いに期待したが、巨大な国力をバックに、アメリカは洋の東西に兵を進めたばかりでなく、連合軍の一大兵器庫の役割を果たすことになり(援英用飛行機をはじめ、各種兵器を供給)、逆にドイツの崩壊を早めることになってしまった。

それでも一九四二年春の時点で、北アフリカ戦線、東部戦線(ソ連)において、ドイツはまだ快進撃をつづけ、航空兵力も健在でドーバー海峡をはさんで、イギリス空軍との必死の競り合いが展開されていた。

その中でも同年二月十二日、フランスのブレストからウィルヘルムスハーフェンおよびキール軍港へ、ドイツ戦艦「シャルンホルスト」「グナイゼナウ」、巡洋艦「プリンツオイゲン」を回航したとき、JG2とJG26のFw190A-2が、Me109Fとともにその援護に向かい、ドーバー海峡上の「スピットファイア」および「ソードフィッシュ」雷撃機の攻撃を排除して、海峡の強硬突破を成功させたことが印象に残る。

一九四二年五月末には、ＪＧ26にＦｗ190Ａが八九機（第Ⅰ、第Ⅱ戦隊）、Ｍｅ109Ｇが三八機（第Ⅲ戦隊）、Ｍｅ109Ｆ－４／Ｂが一六機（第10ヤーボ中隊）配属され、ＪＧ２にはＦｗ190Ａが八一機（第Ⅱ、第Ⅲ戦隊）、Ｍｅ109Ｇが四〇機（第Ｉ戦隊）、Ｍｅ109Ｆ－４／Ｂが一九機（第10ヤーボ中隊）に配属されていたから、この二戦闘飛行団は主力戦闘機としてＦｗ190が大部分を占めたことになる。

イギリスも舌を巻く優秀機

前にもいったように、ルフトバッフェの第２航空艦隊と第３航空艦隊による英本土爆撃は、小規模なものがいぜんとしてつづけられており、沿岸基地と都市に散発的攻撃が加えられていたが、ハインケルＨｅ111の損害はまことに大きかった。

ドイツでも電波航法装置を開発して夜間爆撃を行なっていたが、電波技術では一日の長あるイギリスが逆に妨害電波を発射し、爆撃効果を薄れさせたからである。仕方なく昼間爆撃を行なおうものなら、「スピットファイア」と「ハリケーン」にいとも簡単に撃墜されてしまうのがおちであった。

ところがＦｗ190がドーバーに姿をみせると、「スピットファイア」Ｍｋ５でさえも二対一以上の勢力でなければあえて空戦をいどんでこなかった。

Ｆｗ190Ａ－２の六二〇キロ／時の快速と加速性、それに無類の上昇力には、一対一では勝ち味がなかったことを知ったからである。ドーバー海峡を越えて、逆にフランス地区に来襲するイギリス戦闘機隊の場合、Ｆｗ190で装備されていたＪＧ２、ＪＧ26の迎撃にあうともっと深刻になった。

これについてイギリス人は、持ちまえの誇り高きゆえのポーカーフェイスと負けん気から、フォッケウルフは強かったとか、したたかにやられたということを公言したがらない傾向がある。

しかし一九四二年十二月に発行された『航空機年鑑』には、

「ドイツの最新単座戦闘機フォッケウルフFw190A-3は、西ヨーロッパの第3、第5航空艦隊に配属されており、『スピットファイア』や『ハリケーン』の昼間銃撃行で多く遭遇するようになっている。格闘性能は優秀で、『スピットファイア』Mk5とほぼ同じだが、高度七三〇〇メートル以上になると『スピットファイア』のほうが優勢になる。しかしFw190は上昇力でまさり、急降下速度も大きいのでたやすく追いつき、また離脱することができる。火力はMe109より大きくイギリスの標準には近づいているが、『スピットファイア』Mk5C（二〇ミリ砲四門）に及ばない。着陸速度が大きいのと航続距離の短いのが欠点である」

と出ているし、著名な航空評論家ウィリアム・グリーンも、

「Fw190は、そのデビューのときからほとんど完璧の域に達していた。それは単に操縦性がすばらしかっただけでなく、生産性と戦場における整備についてよく考えられた設計であった。その登場によって一時的ではあったが、ドイツ空軍に決定的優位をもたらしたのであった」（『第二次大戦の有名戦闘機』）

とほめちぎっている。さらにはエースたちの中にも、強敵Fw190について、

「翼がちぎれてしまうような高速旋回も平気でできるし、急上昇、急降下にはとてもついて

ゆけない。またメッサーシュミットの火力に驚かなかったわれわれを、フォッケウルフ（Fw190A－2以降）の強火力はいやというほどこたえさせた」

とのべ、その優秀性に舌を巻いた。


ドイツ空軍も恐れた「スピットファイア」Mk9

Fw190の出現にびっくりしたイギリス側が、手をこまねいているはずはなかった。

すでにMe109Fに劣っていた「スピットファイア」Mk5の高々度性能をよくしたMk6（「マーリン」47、一四一五馬力、最大時速五八六キロ、上昇限度一万二四〇〇メートル、とんがり翼端に四枚羽根（ブレード）のプロペラ付き）を一九四二年春から登場させていたが、これは数が少なかった（一四〇機）。

また、Mk6をさらに本格的高々度用としたMk7（「マーリン」61、一三七〇馬力、最大時速六五〇キロ、上昇限度一万二九〇〇メートル）、Mk7から与圧器をはずし、アフリカ戦線用熱帯地向けにしたMk8（「マーリン」61のほか「マーリン」70、一四七五馬力など）も試作したが、それらの就役が大幅に遅れたので、量産中のMk5Cの機体に「マーリン」61、一三七〇馬力をつけて応急的に飛ばしてみた。

ところが、これはすばらしい性能を発揮して、最大時速はMk5より六〇キロ速い六五〇キロとなり、高々度性能もぐんとよくなって、高度五〇〇〇メートルから八〇〇〇メートルまではFw190Aとほぼ同じ、八〇〇〇メートル以上ならどの点でもすぐれるという結果が出た。

そこでさっそくピンチヒッター（というよりホームランバッター）として、生産ライン上のMk5CをすべてMk9として切り換え、一九四二年六月から部隊への引き渡しをはじめた。戦場へのデビューはその夏からであるが、航続力は機内燃料タンクだけだと七〇〇キロ、落下増槽二個つきでも一五七〇キロで、援護用には用いられないのが欠点だった。それでも五六六五機の量産が行なわれている。

スピットファイアMk9C。5665機が製作された

ドイツ空軍パイロットも、この「スピットファイア」Mk9には大いに警戒して、七〇〇〇メートル以上では戦闘を交えるのを避け、五〇〇〇メートル以下へ離脱するようにした。

しかしこのとき、Fw190もA－4が開発されていて、「スピットファイア」Mk9をふたたびリードするが、高々度性能ではまだやはり一歩ゆずっている。

また、いつ、どの戦場においてもFw190A－4と「スピットファイア」Mk9が空戦を交えるということはありえず、そのとき、その状況によって機種、高度、技倆の組み合わせが異なるから、一概にどれがもっとも強いのか判定はつけられない。

しかしこのFw190A－4は、新たにエンジンをBM

Fw190A-4／R-6

W50水メタノール噴射装置付きのBMW801D－2とし、短時間に限り最大出力二一〇〇馬力（高度五七〇〇メートルでは一四四〇馬力）出すことができ、最大時速を高度六三〇〇メートルで六七〇キロにアップした。これは「スピットファイア」Mk9より確実に二〇キロ速い。
　この速度差と良好な運動性で、ドイツはまだ英仏海

峡上で優位を保つことができるのだが、ハインケルHe111爆撃機の英本土沿岸攻撃における損害の大きさから、A－3のときメッサーシュミットMe109Fとともに行なってきた戦闘爆撃型も、このA－4で開発され、A－4／U－8と名づけられている。
　これは胴体下に五〇〇キロ爆弾一発と、主翼下に三〇〇リットル落下増槽一個をつるし、

Me109G。高速性能を発揮、エースに好まれる機体となった

武装はMG151二〇ミリ砲二門に減らしたもので、日本でいえば軽爆撃機なみの力のある機体だった。

一九四二年三月十日、JG2とJG26に戦闘爆撃隊を設けることになり、JG2には第10中隊、JG26には第10中隊の通称ヤーボ（JABO＝ヤークト・ボンバーの略）部隊が新設されて、Me109F－4／Bをそれぞれに配備、イギリス南岸のドーバー、プライメン、ワージングなどへ素早く低空から攻撃をかけ、さっと引き揚げる奇襲で相当の効果をあげた。Me109はFw190A－3と併用になり、夏からは両中隊ともFw190A－4／U－8に改変されている。

「政府ならびに軍は、いったい何をしているのだ。敵の戦闘爆撃機に対する防衛は、まったくなっていないではないか。早くその跳梁を封じなければ、わが国の将来はまったく危険というほかはない」

と、イギリス国内にごうごうたる非難の声をあげさせたのだから、その労少なくして功多い活躍はたいしたものだったわけである。ただパイロットの航法ミスによる損害は、少なくなかったといわれる。

このほか地中海方面作戦用に、熱帯用のフィルターをつけ、二五〇キロ爆弾一発をつるせるようにしたＡ－４／Ｔｒｏｐもつくられ、Ａ－４／Ｕ－８と合わせて六八機を生産した。一九四二年末までに、Ａ－３とＡ－４の各型合計生産数は一九五〇機となり、ＪＧ２とＪＧ26のほかの戦闘飛行団にも配属されるようになった。

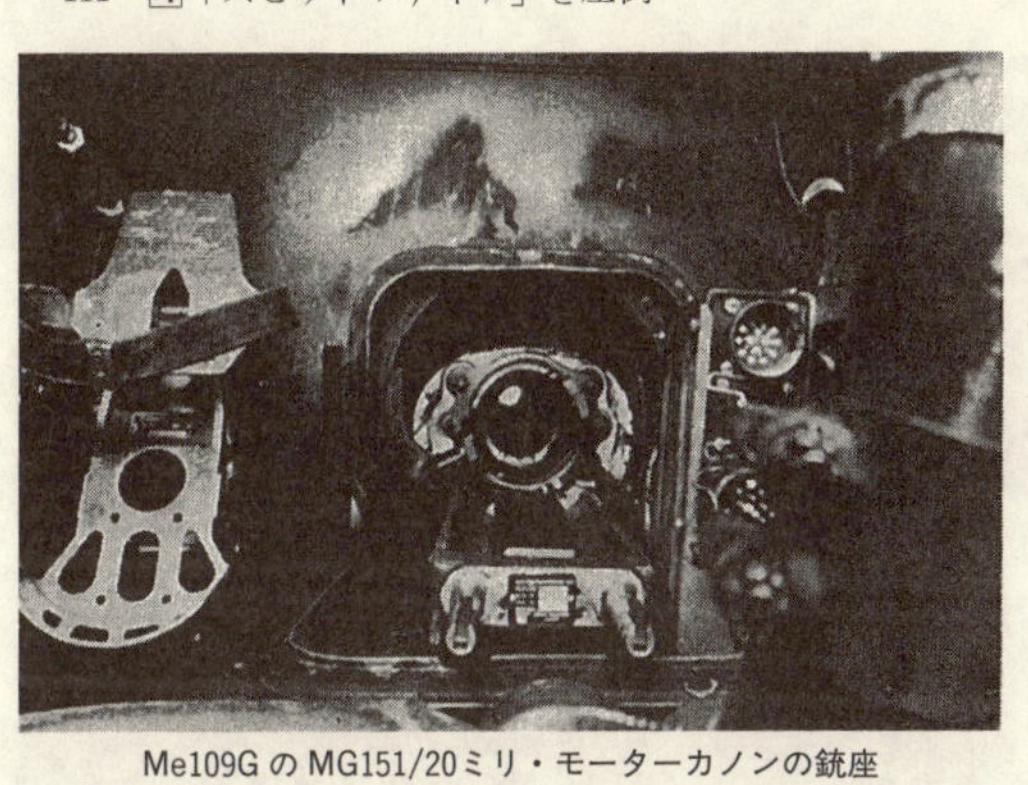

Me109G の MG151/20ミリ・モーターカノンの銃座

しぶといメッサーG型で巻き返す

一方、実用化してからすでに五年もたっているメッサーシュミットにまだ固執する航空省の軍人、官僚たちは、Ｍｅ109の生産性のよさ、操縦しやすさを強調して、なお改良型の開発を行なわせた。

そして一九四二年の春からＦ型につづくＧ型の生産に乗り出し、同年夏には早くも実戦に投入しているから、その登場はＦｗ190Ａ－４とも、また敵方の「スピットファイア」Ｍｋ９とも、ほぼ同時であったわけだ。

このＧ型は、エンジンをダイムラー・ベンツのＤＢ605Ａ一四七五馬力とし、高度五六〇〇メートルでなお一三五〇馬力が保てた。キャビン（操縦室）は与圧式（高々度でも地上と同じ気圧を保つ装置付き）で、武装もＭＧ151二〇ミリ・モーターカノン一門と、ＭＧ17七・九ミリかＭＧ131一三ミリ機銃二梃（機首上部）であ

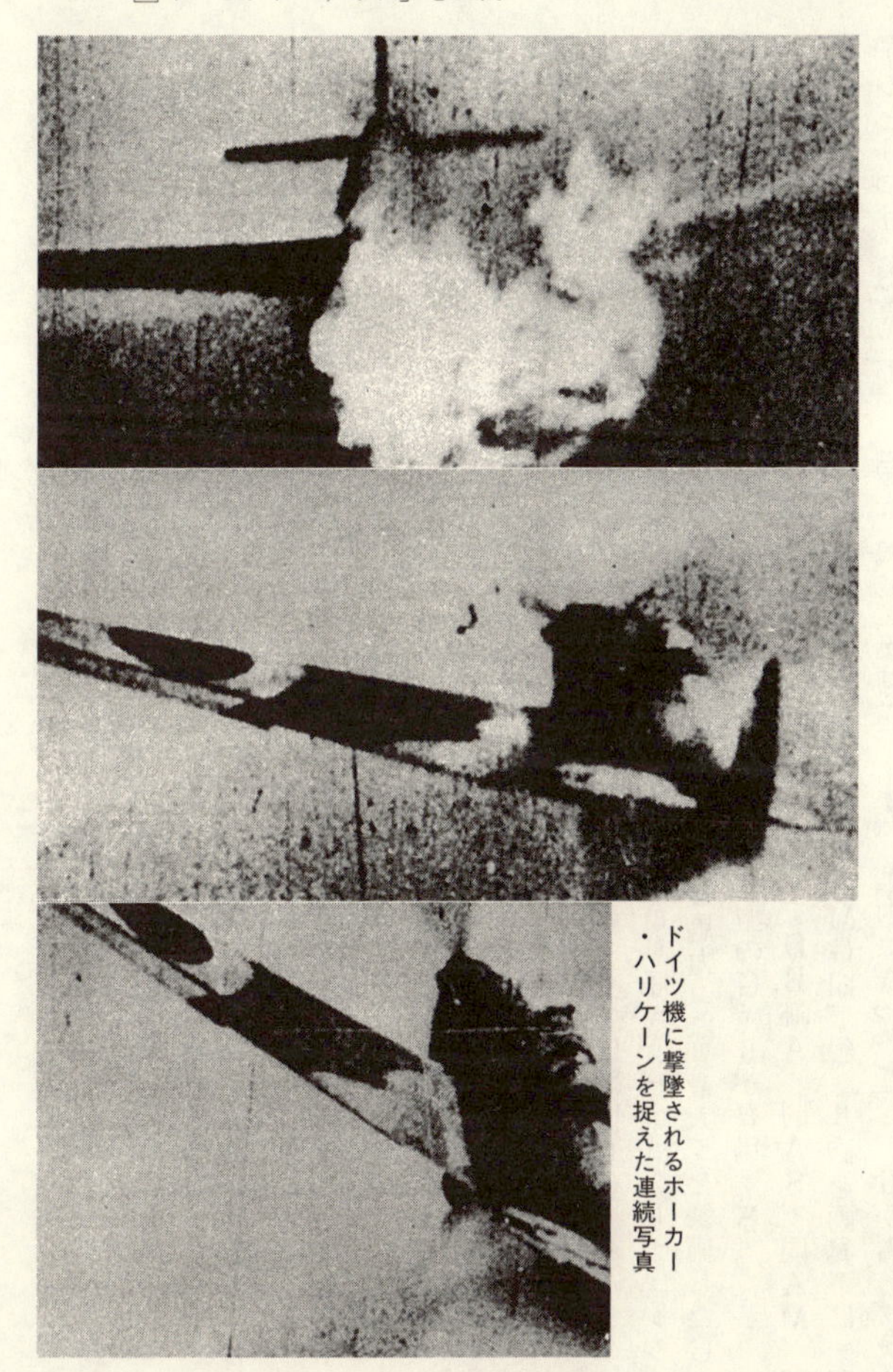

ドイツ機に撃墜されるホーカー・ハリケーンを捉えた連続写真

った。

こうした改良によって、G型は重量が増し、脚を補強したりの手を加えたため、上昇力や離着陸性が低下してしまった。しかし速度が六二〇キロ出せ、相変わらず〝ヒット・エンド・ラン〟(一撃離脱)の効果があがったので、エースたちには好まれていた。

たとえば史上最多三五二機撃墜のエーリッヒ・ハルトマン少佐に次ぐ三〇一機を撃墜したゲルハルト・バルクホルン少佐は、

「自分にはMe109FとGがもっとも合っていた。事実、撃墜の多くをこの機体で重ねた」

といっている。

しかしその一五~二〇ミリ・モーターカノンは故障が多く、これをはずして乗っていたパイロットもかなりいたことを思うと、バルクホルンというエース中のエースの乗機についていた整備員の腕が、いかによかったかを物語ることになって、いちがいにMe109F~Gを最強視するわけにはいかない。

このG-1のあと、与圧室を持たない偵察用のG-2、G-1とほぼ同じG-3、このG-3から与圧装置をはずした中低高度用のG-4、ふたたび与圧キャビン式としてエンジンも大型過給器付き水メタノール噴射式DB605Dの一八〇〇馬力(離昇最大)を装備したG-5まで、いろいろ試作機を少数生産したのち、本格的量産型のG-6が登場する。

これは与圧室でなく(つまり高々度用でない)、エンジンをDB605A、同AS、同AM、同Dなどどれでも装着できるようにしたものがあり、武装もMG151二〇ミリ砲を両翼下に一門ずつとりつけ(機首上部の一三ミリ機銃二梃はそのまま)、強力になった。G-6から〝グスタフ〟という愛称がつけられた。

G-6/U4Nは夜間戦闘機型で、警報・帰投装置をもって風防後方に回転式アンテナをつけていたが、イギリス、アメリカの夜戦のそれより明らかに劣っていたという。この昼間型がG-6/U4で、MK108三〇ミリ機関砲二門を翼下に、MG131一三ミリ機銃二梃を機首上部にという強力な武装で、対地攻撃に威力を発揮した。

さらにG-6/R1は、二五〇キロあるいは五〇〇キロ爆弾一発を胴体下につるすようにした戦闘爆撃機であり、G-6/R2は直径二一センチのロケット弾二発を胴体下にかかえるようにされた。

なお、Fw190A-4/Tropと同じように熱帯地用のMe109G-1/Tropもつくられ、北アフリカ戦線に使われている。

一〇〇機以上撃墜のエースたち

太平洋戦争が勃発してから一年もたたないうちに、戦争の主導権は早くもアメリカに握られてしまった。

とくにガダルカナル島をめぐる争奪戦は、スターリングラードに対するドイツ軍の攻撃およびソ連軍の反攻とほぼ時日を同じくして行なわれ、いずれも日本、ドイツの同時敗退となって以後の形勢を決定づけた(一九四三年〈昭和十八年〉二月一日、ガダルカナルの日本軍撤退、七日完了。二月二日、スターリングラードのドイツ軍降伏)。

北アフリカ戦線で、エル・アラメインまでロンメル軍団を進めたドイツに、東部戦線スターリングラードにおけるもたつきと同盟国日本の連合軍に対する牽制力のなさが、強いあせりと落胆となってのしかかってきた。それはもう、戦略的に弱さを暴露したドイツ首脳陣の、ヤケッパチとなってあらわれてくる。

その中にあって、ルフトバッフェのエース・パイロットたちの活躍はものすごく、異常とも思えるものがあった。

それはドイツ人特有の勤勉さと技術的探求意欲、旺盛なファイトがもたらしたものであるが、ドイツがイギリス連邦をはじめとしてフランス、アメリカ、ソ連といった自由主義陣営を相手に六年間も戦った結果、トップの三五二機から一〇〇機撃墜まで実に一〇七人も生み出すことになったわけである。

〝バトル・オブ・ブリテン〟におけるエースたちについては先にちょっと触れておいたが、一九四一年からの北アフリカおよび対ソ開戦によって、エースたちのスコアは急激にふえ、その機数は目まぐるしくいれかわった。

一九四一年末、つまりドイツが悲劇的様相を迎える前の時点で、すでに一〇〇機に達していたのはヴェルナー・メルダース大佐（一〇〇機一番のり、十一月二十二日事故死）、ギュンター・リュッツォー中佐（二番のり、一九四五年に戦死）、ヴァルター・エーザウ少佐（一九四四年に戦死）、ハンス・フィリップ少佐（一九四三年に戦死）、ヘルベルト・イーレフェルト少佐、マックス・ヘルムート・オステルマン中尉（一九四二年に戦死）、ヘルマン・グラーフ少佐、ゴードン・ゴロップ少佐、ハインリッヒ・ベール大尉、アドルフ・ディックフェルト少佐らであった。

メルダースとトップを争っていたガーラントの名が見えないのは、彼が主として英仏海峡方面を受け持ち、会敵率が低くなったからであるが、それでも一九四一年末までに九四機のスコアをあげている。

そして僚友でライバルだった戦闘隊総監メルダース大佐の事故死にともない、その後任をおおせつかったので、第一線から退き空中戦闘も禁止された。しかし、その後も前線で空中指揮を口実に出撃会敵すると、それから一〇機を撃墜、終戦までに一〇四機とスコアをのばしている。

三五二機を撃墜して、ドイツはもとより、第二次大戦の両陣営を通じて最高のエースとなったエーリッヒ・ハルトマン（最終階級・少佐）や、三〇一機撃墜で第二位のゲルハルト・バルクホルン（最終階級・少佐）、二七五機で第三位のギュンター・ラル（最終階級・少佐）、二六七機で第四位のオットー・キッテル（最終階級・中尉、一九四五年戦死）、二五八機で第五位のヴァルター・ノボトニー（最終階級・少佐、一九四四年戦死）、二三七機で第六位のヴィルヘルム・バッツ（最終階級・少佐）らは、すべて東部戦線において一九四二年後半からの一〇〇機目撃墜記録であり、劣勢のドイツ空軍をバックに、まさに一騎当千の大活躍をしたのだった。

〝アフリカの星〟マルセイユ大尉

以上のエースたちは、乗機がほとんどメッサーシュミットMe109EとFであり、ようやく登場したフォッケウルフFw190による撃墜はまだごくわずかである。

しかし一九四二年になると、Ｆｗ190の撃墜率はぐんと高くなり、エース・パイロットのスコアを伸ばしていくが、逆にまだ機体を手のうちに入れられない新投入のパイロットによって操縦され、失われたものも実に多かった。

一九四一年十月二日、ドイツ軍はモスクワの総攻撃を開始し、十二月五日にはモスクワより二五キロまでに迫ったが、手痛い反撃を受け撤退を始めるという厳しい情勢のもと、一九四二年春、Ｍｅ109による〝アフリカの星〟が輝いた。

二月二十二日に五〇機目を撃墜し、騎士鉄十字章を受けたＪＧ27のハンス・ヨアヒム・マルセイユ中尉である。彼は大戦開始のとき、弱冠二十歳であったが、〝バトル・オブ・ブリテン〟で早くも七機（「スピットファイア」）を撃墜しており、第一級鉄十字章を受けた。一九四一年四月から北アフリカ戦線に転じ、九月二十四日は二三機のスコア、そして一九四二年二月に五〇機に達した。

そのころ、押されはじめたドイツ軍の切なさを、宣伝相ゲッベルスはことさらにマルセイユの大活躍で鼓舞しようとした。ラジオ放送は、

「六月三日、北アフリカ戦線でマルセイユ中尉は、わずか一一分間に六機を撃墜しました。平均二分弱で一機ずつ葬っていくとは、まさに超人的神技であります」

と伝え、ベルリン子（マルセイユはフランス系ドイツ人でベルリン出身）を喜ばせた。

この六機で通算七五機となったマルセイユは、柏葉騎士鉄十字章を受けた。さらに同月十七日には、一〇一機と急ピッチな上昇をたどり、翌日、剣付柏葉騎士鉄十字章に輝いたが、このころから彼の精神的肉体的疲労が目立つようになったといわれる。

ハンス・ヨアヒム・マルセイユ大尉と尾翼の撃墜マーク

彼のイギリス軍に与える恐るべき戦慄から、ロンメル軍団はその第8軍機甲部隊の進撃を食い止めていたといってもいい過ぎではない。それは九月一日の一七機を加えて一二六機のスコアとし、空軍では一〇人しかもらっていない最高のダイヤモンド剣付柏葉騎士鉄十字章を得たあと、大尉に昇進したとき、とくにロンメル将軍に呼ばれて、「貴官の活躍なくしてはわが軍の勝利はなかった。深く感謝する」

といわれたことでも明らかである。

この超人的な働きは、「もし彼がファイター・パイロットになっていなかったなら、問題児から感化院へ、そして闇に葬り去られていただろう」（JG27戦闘飛行団長エドアルド・ノイマン少佐のことば）といわれる強い個性を発揮したからであり、ノイマンがマルセイユの性格をのみこんで自由に、思うがままにやらせたからこそできたのだった。

また彼の愛機は、一貫してメッサーシュミットMe109で（一〇〇機撃墜のころはF－4／Trop）、旋回性はよくないが彼の個性そのままに、人機一体の妙を発揮したといえる。

太陽を背に、敵編隊の中央を突破、捨て身の態勢からくり出す瞬時の斉射、そして離脱。その非凡な空戦技に、アドルフ・ガーラント中将も「不世出の超エース」と讃嘆したが、もしマルセイユにＦｗ190を与えたらどんなものだったろうか。超エースの操縦によって、新しい戦法が編み出されたかもしれず、興味ある問題の一つである。

九月十五日、一五〇機撃墜（同数三番目）から、彼の精神的不安定と興奮はひどくなった。精神とともに肉体的にも疲労の極点に達しており、鉄十字章受章とともにもらっていた休暇を、このときも当然とるべきであった。しかし祖国の危急におもむきたいという彼の心は、それを許さず、なおも出撃し、一五八機のスコアを重ねた。

九月三十日、会敵できずに帰還の途中、エル・アラメインのすぐ近くで愛機「エルベ14号」のエンジンが発火した。コクピットにガスが充満し、彼はやむをえず横転してパラシュート脱出をはかる。

体が機を離れた瞬間、尾翼が彼の胸をたたいた。すでにマルセイユは致命傷を負っていたかもしれないが、パラシュートも開かず落下して、そのまま地上に激突していった。〝アフリカの星〟はついに落ちたのである。

そしてそれから二ヵ月足らずのちに、エル・アラメインも敵手におちたのだった。

彼の撃墜記録の価値は、西側すなわちアメリカ、イギリス空軍に対する一五八機（英仏海峡で七機、北アフリカで一五一機）という数字にある。たとえそれが「スピットファイア」は少なく、カーチスＰ40や「ハリケーン」が多いにしても、西側撃墜二位の一二四機（ハインリッヒ・ベール中佐）を大きく離しているからだ。

そこでもし、彼がそのニヒルな、やや向こうみず的な性格を抑えて、もう少し冷静にことを運んでいたなら（つまり体の限界を感じて休養をとるなり、無理な行動をとらなければ）、撃墜ペースこそ落ちたかもしれないが、スコアは続伸したと思われる。しかし、そこはやはりマルセイユのマルセイユたるゆえんであって、一徹な彼の宿命であったのだろう。

5 痛恨！ 英基地に誤着陸

一九四二年（昭和十七年）六月というのは、日本およびドイツの軍航空にとって、よくよくついていなかったとみえる。

というのは、日本暗転のきっかけとなったミッドウェー攻撃と同時に行なわれたアリューシャン方面作戦で、キスカ島上陸（六月七日）、アッツ島上陸（六月八日）に先だつ六月四日、ダッチハーバー（ウナラスカ島）攻撃を展開したが、帰投しつつあった空母「龍驤」の「零戦」隊の一機が、無人のアクタン島のツンドラ地帯に不時着した。脚をとられてもんどりうってひっくり返ったため、パイロット（古賀忠義一空曹）は頭をうちつけて死亡したが、「零戦」はほぼ完全だった。

それからひと月もたたない六月二十三日、つまりドイツ軍がソ連に進撃を開始した翌日であるが、JG2の第III戦隊のアルニム・ファーバー大尉（戦隊長エゴン・マイヤー少佐の副官）のFw190A-3が、こともあろうにイギリス本土の基地に誤って着陸した。こうして日独両枢軸空軍の〝虎の子〟戦闘機が、期せずして同時に仲良く？ 敵の手におちてしまったのである。

無傷で入手したＦｗ190をテスト

「零戦」の場合、これを発見したアメリカ軍は特別搬出部隊を編成してひそかに運び出し、米本土に持ち帰ることに成功したのだが、Ｆｗ190のときは、ＪＧ2を攻撃してきたイギリス戦闘機隊ポーランド連隊の「スピットファイア」を追って、ファーバー大尉が英本土上空まできたところ、ブリストル水道を英仏海峡と勘違いし、北フランスへたどりついたつもりで英ベムブリー基地に降りてしまったのである。つまり、イギリスとしては労せずして無傷の機体（パイロットとも）を手に入れたわけだ。

イギリス空軍はＦｗ190を、さっそく徹底的にテストし、調べあげることにしたが、もちろん自分たちが現用中の「スピットファイア」Ｍｋ5、および引き渡しがはじまったばかりの「スピットファイア」Ｍｋ9との比較試験がポイントで、Ｆｗ190にいかにしたら対抗できるか、そして勝てるかを編み出すためであった。

戦後、日本の「零戦」がグラマンＦ6Ｆにこっぴどくたたかれたのは、アメリカがアリューシャンで捕獲した「零戦」を徹底的に分析し、それをＦ6Ｆの設計に生かしたからだといわれていた。

だが、これは大きな誤りで、Ｆ6Ｆの開発はすでに太平洋戦争開始の半年前――一九四一年六月三十日から始められており、「零戦」のテスト結果は完成後の多少の手直しと、〝ゼロ〟狩り戦法に生かされたに過ぎない。

捕獲されたファーバー大尉のFw190A-3

これと同じように、Fw190の調査結果も「スピットファイア」Mk9以後の機体――Mk12、Mk14、Mk16……に、設計の上で直接取り入れられたことはなく、そのウィーク・ポイントを衝いての対抗手段が編み出され、新しい攻撃方法を考えるのに役立ったのである。

つまり、日本人とアメリカ人、ドイツ人とイギリス人の性格なり思想がそれぞれ異なっているように、戦闘機においても人種を反映しての個性が備わっているから、相手方と同じような機体を持とうとするのではなく、現にある自分たちの機体に、相手の新しいデータを差し入れ、それによって未知の力を引き出そうという努力になるわけである。

メッサーシュミットMe109Fとはいいライバルだった「スピットファイア」Mk5を、フォッケウルフFw190Aの出現で旧式へと押し流されてしまい、にがい思いをしていたから、

「ハン（イギリスのドイツ人に対する蔑称）の作った戦闘機など、われわれのスピードレーサーから発した

『スピットファイア』に、それほど優れているわけはない。いくらでも欠点をあばいてやるぞ」

という気概に燃えて、テストをはじめた（メッサーシュミットMe109のほうは、〝バトル・オブ・ブリテン〟の後半、四〇年秋にE－3をほぼ完全な姿で捕らえ、テストを終えている）。

スピット5Bよりも高性能

ところが、やはり実績どおり、〝反省の材料〟はいともきびしかった。Fw190は、「スピットファイア」Mk5Bよりも、ほとんどの点においてまさっていたのである。

まず、両者のスピードを各高度で計測したところ、低高度（三〇〇〜四〇〇メートル）から高々度（八三〇〇メートル）にいたるまで、いずれにおいてもFw190A－3は毎時三二キロから五〇キロくらいまで、平均四〇キロも優速であった。とくに八三〇〇メートルでは六〇キロも速く、「スピットファイア」Mk5Bでは太刀打ちできないことがわかった。

またFw190は「スピットファイア」Mk5Bより上昇角度が大きく、高度八三〇〇メートルまではFw190が毎分一四〇メートルも上昇力の大きいことがわかった。したがって上昇力も全高度において問題にならない。降下になるとさらに著しく、離脱するFw190を「スピットファイア」Mk5Bでは追尾捕捉することはできない。

運動性にしても、加速性がいいから追尾が困難である。ただ旋回半径では「スピットファイア」Mk5Bのほうが小さく、優れているだけだった。

「スピットファイア」が旋回中にFw190をうまくとらえたとしても、すぐに横転降下して逃げ、体勢が悪ければそのままダイブしていってしまう。しかし「スピットファイア」が攻撃された場合は、すぐれた旋回性で回避につとめ、Fw190をその基地から引き離すようにしむけて、帰投を遅らせるかあきらめさせる。味方機の赴援があれば逆に襲いかかる。

いずれにしても一対一では勝ち目がないから、つねに敵より数の上で優勢のときのみ空戦にはいること、もし劣勢ならばFw190の行動範囲にはいったら必ず最大巡航速度で飛行し、敵発見と同時に浅いダイブで退避すること、というまことにみじめな結果が出たのであった。

そこで、ちょうど部隊への引き渡しのはじまっていた「スピットファイア」Mk9との比較テストにはいった。Fw190の出現で、Mk5Cのエンジンを「マーリン」61につけかえたものだったが、やはり性能はよくなって優れている点も多く、空軍当局をホッとさせた。

すなわち、低高度から七五〇〇メートルくらいまでの間では、両機はほぼ同じスピードか「スピットファイア」がわずかに（一〇キロ前後）速い。同時に上昇力でもほぼ同等であるが、六七〇〇メートル以上になると、「スピットファイア」のほうがよくなる。加速性とダイブ性は、相変わらずFw190のほうがすぐれ、また旋回性を除いた運動性もFw190が少しい。

旋回戦闘にもちこんで、うまくFw190をとらえた場合、9型でも5型のときと同じように横転降下して逃げられてしまうが、要するに「スピットファイア」Mk9は、高速巡航している限り襲われても回避でき、逆に低速巡航しているFw190なら攻撃することが可能だという結論を得たのである。

日本にも輸入されたＦｗ190Ａ－５

このような比較テストの結果、実際の空戦に生かされて被害を少なくするとともに、無理な戦闘をせず、つねに相手の弱点を衝いて攻撃するという頭脳的作戦で、「スピットファイア」を使いこなしたことはすでに述べたとおりである。

敵より優位に立つため、最善の方策をたてることは、いわゆる〝敵を知り己を知って〟こそ可能なことで、その意味からすれば誤着陸したＦｗ190を手に入れたことは、イギリスにとって天の配剤というべきであったろう。

少しあとのことになるがＦｗ190は、Ａ－５が一九四三年（昭和十八年）に日本へ一機輸入され、陸軍でテストされている。そのときこの機体に乗った審査部の黒江保彦少佐が、雑誌「航空ファン」（昭和三十七年二月号）にその印象記（『私の見たフォッケウルフＦｗ190』）を書いているので、一部抜粋してみよう。

――日独同盟の結果、遠くインド洋から大西洋を経て、わが潜水艦はドイツを訪問した。苦心幾月、その一隻は、一機のＦｗ190を日本に運んできた。陸軍航空が受取った高価な贈物のこの機体は、福生（ふっさ）（今の横田基地）にあった飛行実験部においてテストされ、いろいろの資料をわれわれに提供した。（中略）

フォッケウルフＦｗ190は、たしか神保進少佐（熊本県出身、昭和二十年、朝鮮海峡でマーチン飛行艇と交戦して戦死）の手で最初に試験されたが、ほとんどすべてのテスト・パイロットたちが交互にこれに乗っている。

一言にしていうならば、Ｆｗ190は確実な性能を持った快速機で、旋回性能こそ大したことはないが、スピードを保有している限り安定はよく、出足は早く、特に小気味いい突っ込みのよさは他に比肩するもののない性能をもっていた。こういう高速機は、われわれの戦闘機に共通して持っていた舵のねばり、いいかえれば格闘性能のよさとは全く対照的な、別の系統に属する戦闘機であった。

日本に輸入されたFw190A-5。操縦席は神保進少佐

日本の戦闘機は、柔道家のようなもので、一人対一人でいる限り小業(こわざ)を利かし、敵の動きの反動を利用して大業をかけ敵を倒す。背後にまわって首を絞める。ふりあげたゲンコツの内側に飛びこんで襟首をつかむ——そうした性能を最大限に生かした。

しかしＦｗ190のような飛行機は、短距離ランナーがこん棒を持っているようなもので、攻めてくるときは遠くから目にもとまらぬスピードで一直線にやってくる。こん棒がふりおろされる前に、こちらは逃げ腰で構え、いったん打撃を受けぬように逃げる。

そのうえで捕らえようとする。すると敵はもう後ろを見せて、手のとどかない距離にのがれてしまっている、という感じの飛行機なのである。

だからこの種の飛行機が、完全なチームワークで多数機、協同して攻撃してくると、恐るべき威力を発揮するのである。一機の打撃を避けたばかりでは、二機、三機目の相手にたたかれる。ドイツが早くから、編隊の組み合わせ単位を四機とし、いわゆる〝ロッテ戦法〟をあみ出したのは当然で、完全な編隊戦闘は総合威力を機数の二乗で増加したといってよかろう。（中略）

私はFw190に乗って、キ61（三式戦「飛燕」）やキ84（四式戦「疾風」）などと空中戦を行って、スピードや格闘性能の比較をしてみたが、もちろん旋回性能では日本のものに及ぶべくもなかった。急旋回しようと操縦桿（かん）で引きまわすと、すぐガタガタッと高速失速を起こした。しかし、いったんダイブに入るとか、直線飛行でスロットルを全開すると、何のケレン味もなくすごい加速で他機を引き離し、爽快なスピード感をたっぷりたんのうさせてくれるのであった。——

黒江少佐は有名な加藤隼戦闘隊（第六四戦隊）で中隊長をつとめ、撃墜三〇機という日本陸軍第五位のエースであったことから、このFw190テスト評価はまことに当を得たものといえよう。

画期的なコントロール・システム

ここでFw190A型のメカニズムについて、簡単に紹介しておこう。A型として安定化したのは、五〇九機と生産数は少ないがA-3なので、これを中心に概観すれば、Fw190のほぼ全容をつかめるであろう。

まずセミモノコック構造の胴体は、コクピット後部の第八フレームを境として、前部胴体と後部胴体に分けられ、ボルトで結合されている。この方法は日本でも世界に先がけて、中島飛行機のキ27（九七式戦闘機）で採用しており、その後、日本の単発機の多くがこれにならっていた。そしてこの胴体前後二分割方式は、のちのジェット機のスタンダード・コンストラクションとなっている。

前部胴体は、エンジン架をもって前方にエンジン、補器類、プロペラが取り付けられ、その後方にコクピットおよび燃料タンクが設けられている。この前部胴体下部に、左右一体構造の主翼がつく。

エンジンについては前にも述べてあるので、コクピットからいくと、前面風防は抵抗を減らすため六三度の傾斜になっており、防弾ガラスは四五ミリの厚さである。キャノピー（風防）は一体に成型されたプレキシグラスで、後方にスライドして開くが、時速四〇〇キロ以上になると開かないこともあったので、緊急脱出のときはキャノピー後部左右に取り付けた、二〇ミリ機関砲弾の薬莢を座席わきのレバーにより爆発させ、吹っ飛ばすという手をつかった。

Fw190の操縦席

座席の頭部には一四ミリ、背部には八ミリのそれぞれの防弾鋼板がつけられ、パイロットの保護に十分留意されている。ただ胴体断面がおむすび形になっているので、肩から上が狭くやや窮屈な感じであった。操縦系統は一般的な方式であるが、昇降舵にはトリムタブがなく、水平尾翼の取り付け角を変更（電気式）することによって釣り合いをとった。

さらに注目されるのは、スロットルが指令函といわれるコントロール・システムによって、レバーを操作するとプロペラのピッチ、混合比、点火時期、燃料の流量、そして二段式過給器の二段目に切り換えることを自動的に行なえることであった。

これはアメリカやイギリスでも実用化されていなかった装置で、現代のコンピューター・システムの原型ともいえるものである。これによってドイツのパイロットは、空戦時に面倒な操作にわずらわされることなく、戦闘に専念できたわけで、Ｆｗ190の強さの秘密の一端はここにもあったといえるだろう。

燃料タンクはコクピットの底に、前方二三二リットル入り、後方二九〇リットル入りが設けられ、主翼内にはない。これはＭｅ109でも同じで、被弾による損害は少なくなるが、足の短いという欠点は残る。これはヨーロッパの比較的狭い戦域を考えてのことで、日本およびアメリカが太平洋という広大な戦域で作戦する場合と根本的に異なる。

前にもちょっとふれたように、Ｆｗ190は多くのシステムが電動式になっていた。脚の上げ下げ、フラップの作動、水平尾翼の取り付け角変更、機銃の発射、指令函など、脚のブレーキ（油圧式）を除いて電気で行なうため、故障は少なかった。日本海軍の艦爆「彗星」（空技廠）が電気式を多用したところ、故障続出で稼動率が極端に低くなったのと、まさに雲泥込み式だった。尾輪は右主脚からのケーブル連動によって、五〇センチ引き上げられる半引き込み式だった。

頑丈な構造、強力な武装

主翼は左右一体式を採用しており、重量の軽減をはかっている。その二本の主翼桁のうち、前桁は脚をしまうため脚の支点から後ろへやや曲げられ（一四度）、胴体下部ではまた平行直線になって、独特の形状である。この前桁はあらゆる荷重を受け負うため、とても頑丈に出来ていて、無理な操作や高速ダイブを行なってもビクともしない。

一般的なI型を用いた後ろの桁も、重量軽減を尊ぶ日本機ではみられない丈夫なものである。翼内部上面と下面には翼端で四本、内翼で一〇本の棒桁をつけ補強している。ただし翼型リブは少なく、片翼五本しかない。内翼縁下面のスプリット・フラップ、外翼後縁の補助翼は、ともに金属枠に羽布張りである。

この主翼を輸入機で観察した刈谷正意元陸軍大尉（第四七戦隊整備将校）は、

「戦闘機といっても、日本なら単発の軽爆か襲撃機なみの強度があると思った。日本の戦闘機でFw190に近い強度をもったのは四式戦『疾風』でしょう。とくに脚まわりのメカニズムの巧みさに一驚しました」

と語っている。

Fw190の武装については、すでにA－4まで紹介したが、ドイツ戦闘機の標準武装はラインメンタルのMG17七・九ミリ、MG131一三ミリ機銃、モーゼルのMG151一五ミリ、二〇ミリ

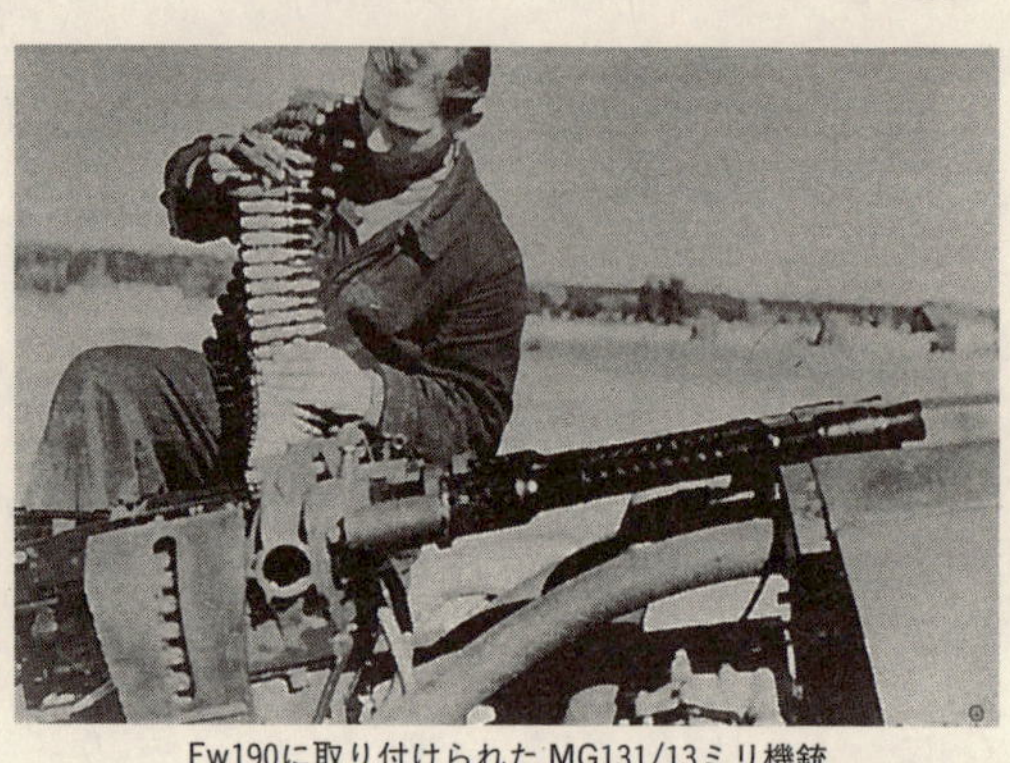
Fw190に取り付けられたMG131/13ミリ機銃

機関砲、エリコンのMGFF二〇ミリ機関砲の組み合わせで、ふつうMG17、MG131を機首上部の左右に置き、両翼にMG131、MG151、MGFFを、ときに応じて装着していた。

MGFF二〇ミリ砲は、日本海軍の「零戦」が使用していた九九式二〇ミリの基になったものだが、発射速度が遅いのとドラム給弾式であったため、大戦後半からはMG151の二〇ミリ砲（初速五七〇メートル／秒、ベルト給弾式）にとりかえられている。このほかライメンタルのMK103、MK108両三〇ミリ機関砲も、翼下面のバルジ内に取り付けられた。照準器は光像式で、わりと小さい。

ところで空戦中に、機銃、機関砲の故障はパイロットにとって泣くに泣けぬ痛手であるが、これはどこの国の戦闘機にも多く発生していた。

地上では気持よく出る銃砲弾も、空中へ上がると寒気やG（重力加速度）による影響を受けて、出が悪くなるのならまだしも、ウンともスンともいわなくなってしまう。さらには腔内爆発といって、機銃弾が銃身内で異常暴発し機体を破損して自爆するケースさえある。そこで各国とも、空戦しても故障しない、つまり弾の必ず出る銃、砲の開発と調整に頭を悩ませていた。

空戦中に弾が出なくなって、敵機を追いつめながらむざむざ逃がしたというエースの空戦記はよく見かけるし、逆に撃墜されてしまったパイロットもかなりある。この点、ドイツのラインメンタル、モーゼルなどの機銃、砲は初速が大きく貫通力もあり、さらに比較的故障が少ないということで、Ｆｗ190、Ｍｅ109の活躍に大いに貢献した。

猛爆撃を受けるドイツ本土

一九四三年（昭和十八年）は、スターリングラードの敗戦に始まるドイツ崩壊の第一歩をふみ出した。スターリングラード市をいったん占領したドイツ軍だったが、一九四二年十一月九日からのソ連軍の反攻で補給路を空陸とも分断され二〇万人が戦死、ついに一九四三年二月降伏、パウルス元帥以下九万人が捕虜となった。

北アフリカ戦線でも、エル・アラメインからイギリス軍に押されて後退したロンメル軍団（一九四四年十月、ロンメル将軍は、敗戦の責任とヒトラー暗殺計画に加担したカドで召還され、車中で渡された紙包みを毒薬と知りつつ飲んで、非業の最期をとげた）が、チュニス軍団と合体したものの、地中海岸へ新しく上陸した米英仏連合軍約一〇個師団に西から、イギリス第8軍に東からはさみうちされて、五月には全軍降伏した。

しかし、シシリー島、南イタリア、ギリシャ、サルジニア島を基地とするドイツ空軍の意気は高く、連合軍機は大きな損害を受けている。Ｆｗ190のＡ－5が現われたのはこのころで、これはＡ－4と基本的には変わりなく、ただエンジン・マウントを再設計してエンジンが一

五二ミリ前進しただけである。日本に潜水艦輸送されたのは、このA－5の一機だった。

A－5にはバリエーションとして、夜間戦闘機型のA－5／U2、戦闘爆撃機型のA－5／U3、低空偵察・戦闘爆撃機型のA－5／U8、地上攻撃機型のA－5／U11、雷撃機型のA－5／U15（試作だけ）があった。

ドイツではなお

Fw190A-5／U8

ざりにされていた四発爆撃機によるイギリスは一九四一年戦略爆撃を、イギリスは一九四一年から開始し、四月十七日、ベルリンが一一八機（実際には三十数機であったらしい）で襲われ、さらに八月にも大空襲を受けている。

一九四二年になってショート「スターリング」、ハンドレーページ「ハリファックス」、アブロ「ランカスター」の四発重爆の三本柱が機数ととのい、三月からそれら二〇〇〜三〇〇機をもってする夜間都市爆撃がはじまった。

これは爆撃軍団司令のアーサー・ハリス中将指揮のもとに行なわれ、三月二十八日にはリュベック、四月二十四日から二十七日にかけてロストク、そして五月三十日の夜、ケルン市を初めて一〇〇〇機単位で大爆撃した。また六月にはブレーメン市がやられて、フォッケウルフの工場も大被害を被った。

イギリス側では、一九四二年の爆撃回数延べ一〇〇〇回、五〇〇トン以上の被弾都市一七と公表している。

これに対してドイツの防空体制は、夜間戦闘機の不足を強力な高射砲布陣（一二・八センチ、一〇・五センチ、八・八センチ重高射砲が一九四二年に七四四四門、四三年に一一三四門、四五年に一五〇八門）で補い、つねに三〜六パーセントの撃墜率をあげていた。

「東部戦線から戦闘機をドイツ本土防空用に回してくれれば、撃墜率を一〇〜二〇パーセントにしてみせるのに……」

夜間戦闘隊総監のヨゼフ・カムフーバー中将は、こう慨嘆していたという。

ドイツ本土空襲は、一九四三年にはいって本格的となり、三月一日のベルリンの被害は大きく、スターリングラード敗戦でガックリする市民をさらに痛めつけた。

さらに四月十七日、アメリカの第17爆撃飛行団のB17一一五機が、メクレンブルクのフォッケウルフ工場を爆撃したが、ハンス・フィリップ中佐（二〇六機、一九四三年戦死）に率いられたＪＧ１のＦｗ190は、その一六機を撃墜した（ドイツ側は一〇機損失）。

上よりスターリング、ハリファックス、ランカスター

四月十八日には、日本海軍の山本五十六連合艦隊司令長官が、南太平洋ブーゲンビル島で乗機を撃墜され戦死、七月十日には連合軍がシシリー島に上陸するなど、枢軸軍側の退勢が目に見えてきた七月二十四日夜、イギリス空軍のハンブルク市に対する無差別絨毯爆撃が開始された。

この日、七二八機が出撃（一二機未帰還）し二三九六トン、二十八日には七三九機が二四一七トン、三十日には七二六機が二三八二トン、八月三日には悪天候のため一四二六トンの爆弾をそれぞれ投下している。

これには、一年前からイギリス本土に駐留しているアメリカ空軍も後半から参加し、ドイツの防空体制を完全に無力化した。

イギリス空軍が夜間攻撃、アメリカ空軍が密集編隊による昼間攻撃でくたくたにさせたうえ、「窓（ウインドウ）」と名付けられたアルミ箔片を何千万枚となく散布して、ドイツのレーダーを攪乱してしまったからである。つまりＮＪＧ１をはじめとする夜間戦闘機（Ｍｅ110、Ｊｕ188など）、高射砲のレーダー射撃がまったく用をなさず、人為的な攻撃しかできなかったのだ。なお、このハンブルク爆撃に参加したイギリス爆撃機は延べ三〇〇〇機、投下した爆弾は九〇〇〇トンを超え、被撃墜機数は八七であった。ドイツ防空陣の撃墜率三パーセント以下というのは、どう考えてもあまりにひど過ぎる。

効果をあげた〝イノシシ戦法〟

この恐るべき事態に、空軍大臣ゲーリング以下、イエショネック空軍参謀総長、ミルヒ空軍次官、カムフーバー夜間戦闘隊総監、ガーラント戦闘隊総監らは緊急会議を開き、いかにして防空組織をたて直すかの協議を行なった。

「総統閣下から激しく叱責されたが、たいへんなことになったぞ。対策はできたかね、参謀総長」

「はっ、戦闘飛行団のみならず、爆撃飛行団の団長、隊長からもいろいろ新しい防空体制に関する案を提出してもらっております。このファイルがそうなのですが、元帥！」

「うむ、まず夜戦隊を充実させることだが……夜間強行進入のイギリス爆撃機群に対しては、その後下方を夜間戦闘機に同航させて、前上方三〇度角の斜め銃砲を使用する。……昼間強行爆撃の米空軍B17爆撃機編隊に対しては、まず真正面から反航して編隊長機に集中砲火を浴びせると同時に、真上から最後尾機をねらいうちし、つぎつぎと前へ攻撃していく。……東部戦線において練度の高まったエースを集めて、Fw190AおよびMe109Gの夜戦隊を編成、レーダー誘導による攻撃を行なう。……つぎはハヨ・ヘルマン少佐！　これは爆撃団のパイロットだったな」

「そうです、爆撃機の名パイロットで柏葉騎士鉄十字章を受けております」

「そうそう。……高射砲を六五〇〇メートルの高度にセットして、それ以上を射撃圏外とし、ここで探照燈に照らし出された目標をつぎつぎと攻撃する、というのだな」

「これならレーダー管制（コントロール）も必要としませんし、簡明な戦法と思います」

「都市の火災で発生する明るさも、また目標を明るく、あるいは黒く浮かび上がらせる、か。……よし、この案を試してみよう。すぐヘルマンを呼べ！」

Fw190A-5／U12

「はっ、ただちに準備させます」

　こうしてヘルマン少佐は、ゲーリングから直接、

「試験的にではあるが、ヘルマン案による敵夜間爆撃編隊の迎撃を命ずる」

　と言い渡された。

　彼はとりあえず腕ききのパイロット十数人を選抜し、自らの案をこまかく伝えると、八月四日、ケルン市の空襲警報とともに九機の迎撃機を従

えて離陸した。このとき使われたのがフォッケウルフFw190A-5/U2である。

ヘルマン隊のフリードリッヒ・カール・ミューラー大尉は、一気に六〇〇〇メートルまで上昇すると、前上方に一機の「ランカスター」爆撃機を認め、照準器の中に入れた。それは地上の業火に、機影をくっきりと浮かび上がらせていた。

「ランカスター」の乗員たちは、ドイツ戦闘機が高射砲火による同士討ちを恐れて、都市上空には現われぬこれまでのしきたりから、自分は安全圏にいるものと信じて、「ケルンよ、ざまあみろ！」と飛んでいたにちがいない。

たちまち、ミューラー機の二〇ミリ砲四門が火を吐き、弾丸は「ランカスター」の腹部に吸い込まれていく（同機には腹部に銃座がない）。瞬間、火は全身にまわり、胴ぶるいするとみるまに燃えたぎりながら地上の炎の中へ墜落していった。

他のFw190A-5も「ランカスター」の下から、あるいは上から、つぎつぎと攻撃をかけており、この夜なんと一二機の「ランカスター」を仕止めたのである。ヘルマン隊の損害はわずか一機だけだった。

いくら六五〇〇メートルに高度をセットしてあるとはいえ、高射砲弾の炸裂は危険きわまりない。一〇〇、二〇〇メートルの誤差はつねにあるし、故障でもっと高く炸裂することだってある。この危険を省みない猪突猛進的な作戦は、この名のとおり〝イノシシ戦法〟（ヴィルデ・ザウ）と呼ばれて正式に採用され、JG300として編成、十月にはJG301、十一月にはJG302も編成されて、敵爆撃機を合計約四〇〇機撃墜したという。

案出したヘルマン少佐は、この功績によって剣付柏葉騎士鉄十字章を授けられている。

八月十八日、ペーネミュンデの報復兵器V1、V2研究所と工場が大爆撃を受けた。

これはイギリスの諜報機関が、飛行爆弾、ロケット弾の整備されたのを探知し、それが動き出す前にたたいてしまおうというので行なわれたのだが、五九七機は何波にも分かれて襲い、研究所と工場の主任技師以下七五〇人を爆死させている。

このときもFw190による〝イノシシ戦法〟がとられ四〇機を撃墜、三二機を大破させた。

強敵「モスキート」の登場

デハビランド・モスキートFb6。最大時速620キロ

このペーネミュンデ爆撃のため、V2ロケット発射開始が約三カ月遅れることになって、ドイツの反攻作戦はほぼ絶望の状態となった。

こうした本土防空と、スターリングラードの空輸補給に失敗したうえ、それに当てたパイロット養成の教官を大勢失い、その補充教育もままならなくなった責任をとって、ハンス・イエショネック空軍大将は翌十九日、ピストル自殺してしまった。

ウーデットの自殺のときと同じように、イエショネックも「胃病が急変して死亡」と発表されたが、たしかに一九三九年二月、シュツンプ大将のあとをおそって第四代空軍参謀総長となったのがわずか四十歳であり、いかに切れ者でナチズム信奉者であっても若輩すぎて、ミルヒともゲーリングともうまくいかず、まして上級司令官たちを説得することもできなかった。

結局、ドイツ空軍のカナメとなる参謀総長がこのような状態では、その力も発揮されないのは当然である。

八月二十三日の夜、ベルリンがハンブルクと同じ絨毯爆撃を受けた。もちろんヘルマン夜戦隊はこれにかけつけ、五六機を撃墜した。さらに八月三十一日夜も四七機を撃墜し、さすがのイギリス空軍も〝イノシシ戦法〟には恐れおののき、双発の戦闘爆撃機デハビランド「モスキート」を同行させるようになった。

このころFw190A-5/U2夜戦型は月にわずか五機しかつくられなかったので、A-5そのままの昼間型が長時間滞空用の落下増槽をつけて迎撃に参加している。

そこではからずも、イギリス空軍の誇る「モスキート」とFw190が対決することになったが、もっとも活躍した「モスキート」FB6は離昇出力一六二〇馬力の「マーリン」25エンジン二基を備え(初期は一四八〇馬力の「マーリン」21または23)、最大時速六二〇キロで飛行し、爆弾二五〇キロを四個(初期は一一二キロを四個)積んで、高空戦闘、低空爆撃を行なったので、Fw190もかなり手こずったという。

〝イノシシ戦法〟で上がった防空戦力は、「モスキート」の登場でまたダウンしてしまった。

Fw190の迫撃砲弾攻撃

一方、一九四二年七月から、イギリスに駐留したアメリカ空軍(ヨーロッパ方面アメリカ空軍司令官カール・スパーツ将軍、第8爆撃兵団司令官アイラ・イーカー中将)が活動を開始し、B17、B24四発爆撃機はオランダ、フランスなどドイツ占領地区の爆撃およびUボート基地の攻撃を行なっていたが、一九四三年春からはドイツ本土の工業施設や貯蔵庫の昼間爆撃をはじめた。

夏には新しく到着した長距離戦闘機P47「サンダーボルト」の護衛がつき、さらに双発戦闘機P38「ライトニング」、P51「ムスタング」も加わって、ドイツ防空陣のFw190、Me109、Me110、Ju88C、He219などの単発・双発昼間、夜間戦闘機とはなばなしく空戦を交えることになる。とくに機首を黄色に染めたJG26のFw190Aは、「黄色い鼻のアベヴィーユ基地の勇士たち」といわれ恐れられた。

米第8空軍のほか第12空軍が北アフリカに進駐し、一九四三年七月十九日からローマ、ナポリに対して本格的爆撃、七月末から八月初めてにかけてイギリス爆撃機によるハンブルク大空襲の協同作戦、さらに八月一日には大戦史上有名なプロエスティ製油所（ルーマニア）の徹底的爆撃（B24が一七七機参加し、五四機を失う）を行ない、つづいて第15空軍もイタリア本土の戦闘に参加する。

アメリカ爆撃隊の特徴は、イギリス爆撃隊が夜間攻撃法をとっていたのに対し、昼間密集編隊を組んで精密爆撃することだった。

しかし集団の防御火力を信じて、強引にドイツ防空陣を突破するので損害が大きく、一〇〜二〇パーセントの未帰還機を出すこともしばしばあったが、防御砲火（一機当たり一二・七ミリ機銃一二梃以上）の威力を十分に発揮した。

しかしB17、B24に対して、ドイツ側のもたらしたもっとも効果があった例は、Fw190A−4／R−6による攻撃である。これは両翼下に二一センチ口径の迫撃砲弾をつるしたもので、敵の密集編隊に向けて発射すると、その異様さ（白煙をふいて魚雷のようなものが迫る恐怖感）に編隊が乱れる。そこをねらって後続のＦｗ190Ａが攻撃をかけた。

一九四三年十月十四日、シュバインフルトのボールベアリング工場を爆撃したＢ17、Ｂ24の合計二二八機は、この迫撃砲弾迎撃にあって六二機を撃墜され、一七機が英本土に不時着、一二一機が大破するという大損害を受けたのである。これに対しドイツ側の喪失は三八機、大破五一機だった。

6 〝長っ鼻〟D型で巻き返す

一九四三年九月八日、イタリアが無条件降伏して日独伊枢軸国の一角が崩れ落ち、英米ソを主体とする連合国の結束と勢力はいよいよ強くなった。十二月三日には、テヘランでルーズベルト、チャーチル、スターリンらの米・英・ソ首脳会談が開かれ、ヨーロッパ第二戦線結成と戦後の平和共存の確立について宣言発表を行なっている。

もうだれの目から見ても、ナチ・ドイツ第三帝国の崩壊は明らかであったが、彼ら国防軍の団結と意志はまだかたく、とくに空軍将兵の士気は高かった。そのトップをいくのが戦闘飛行団のエースたちであり、彼らの東部戦線における活躍はすさまじかった。

Fw190に乗った超エースたち

そこで、このころにおけるFw190を愛機とした超エースたちを主として簡単にふれてみよう。

まずヴァルター・エーザウ(最終大佐)。一九一三年、ホルスタイン地方のディトルマルシェン生まれ。一九三六年、砲兵大隊から士官候補生として空軍へ転入、スペイン内乱でコンドル軍団、第二次大戦開始時、JG51（第51戦闘飛行団）に属し、西部戦線を転戦して大尉に進級。一九四〇年八月、撃墜二〇機で騎士鉄十字章、同年十一月JG3に転属となり、第III戦隊長をつとめ、一九四一年二月に撃墜四〇機で柏葉騎士鉄十字章、さらに東部戦線で四四機撃墜し、合計八〇機となって同年七月十五日、剣付柏葉騎士鉄十字章を受けた。

ヴァルター・エーザウ大佐

その後、JG2〝リヒトホーフェン〟の飛行団長で初期のトップ・エースだったバルタザール少佐が戦死したので、信望厚いエーザウがその後任としてJG3から移り、五〇～一〇〇機クラスのエース数人を戦隊長、中隊長ら部下に従えて意気大いに上がった。

一九四二年春には、Fw190A-3が配備され「スピットファイア」Mk5を追い回すうち、同年十一月、アルジェリアへの連合軍上陸でJG2の第II戦隊はシシリー、チュニジアに進出し、翌年春まで活躍している。この間、エーザウ中佐自身もFw190で撃墜を重ねていたが、一九四三年十月八日、JG1の飛行団長ハンス・フィリップ中佐（最終撃墜数二〇六機）の戦死にともない、その後任に転出した。

イギリス駐留のアメリカ第8空軍による戦略爆撃はものすごく、またそれを援護する長距離戦闘機P47、P51、P38も強力で、JG1の損害も増大し一九四四年五月十一日、エーザウもついに戦死した。最終撃墜数一二五機にとどまったが、彼の戦績と人柄を讃えてJG1に〝エーザウ〟の名をつけることになった。

それにしてもJG2〝リヒトホーフェン〟、JG3〝ウーデット〟、JG5〝メルダース〟らと並んで、飛行団名に呼称されたのはきわめて珍しいことである。

つぎに驚異的撃墜ペースをみせたヴァルター・ノボトニー（最終少佐）であるが、一九四一年二月にJG54へ配属され東部戦線にMe109Eで出撃、一九四二年九月に五六機に達して騎士鉄十字章を受けた。四三年六月に一〇〇機目のスコアをあげてから急上昇し、八月中旬には一五〇機、九月四日には二〇〇機（四番目、柏葉騎士鉄十字章）、同月二十二日に二一八機（剣付柏葉騎士鉄十字章）、十月十四日に二五〇機（ダイヤモンド剣付柏葉騎士鉄十字章）で全軍のトップに立った。

しかし、ノボトニーが一九四三年から第I戦隊長として、Fw190Aを操縦してのハイペース戦績は、同年十一月に東部戦線から引き上げられたため、一九四四年十一月、Me262による不慮の戦死まで、総撃墜数二五八機（第五位）で終わっている。

一兵卒からたたきあげ、一九四一年夏からJG54で活躍してきたオットー・キッテル（最終中尉）は、前半Me109E、Fで、後半Fw190A-4、5で東部戦線において着実に撃墜を重ね、一九四五年二月十四日に戦死するまでに二六七機をかせいだ。トップ・エース一二位までが佐官クラスであるのに、四位の彼だけが尉官で奮闘した。

Fw190を用いた戦闘飛行団

ドイツ、イギリスの有名エース

国	順位	パイロット名・最終階級		おもな所属と活躍戦場	備考
ドイツ	1	エーリッヒ・ハルトマン少佐	352	JG52で東部戦線	300機初
	2	ゲルハルト・バルクホルン少佐	301	JG52で東部戦線	
	3	ギュンター・ラル少佐	275	JG52で東部戦線	
	4	オットー・キッテル中尉	267	JG54で東部戦線	戦死
	5	ヴァルター・ノボトニー少佐	258	JG54で東部戦線	戦死
	6	ウィルヘルム・バッツ少佐	237	JG52で東部戦線	
	7	エーリッヒ・ルドルファー少佐	222	JG2、54、JV44で東部、本土	Me262で12機
	8	ハインリッヒ・ベール中佐	220	JG51、71、JV44で東部	Me262で16機
	9	ヘルマン・グラーフ大佐	212	JG52、11で東部、本土	200機初
	10	ハインリッヒ・エールラー少佐	209	JG5で東部戦線	
	11	テオドル・ヴァイセンベルガー少佐	208	JG77、5などで東部、西部	
	12	ハンス・フィリップ中佐	206	JG76、54、12東部、西部	戦死
	13	ヴァルター・シュック中尉	206	JG5、7で東部戦線	Me262で8機
	14	アントン・ハフナー中尉	204	JG51で東部戦線	戦死
	15	ヘルムート・リップフェルト大尉	203	JG52、53で東部戦線	
	16	ヴァルター・クルピンスキー少佐	197	JG52、5、26などで東部	
	17	アントン・ハックル少佐	192	JG77、11などで東部、西部	
	18	ヨアヒム・ブレンデル大尉	189	JG51で東部戦線	
	19	マックス・ストッツ大尉	189	JG54で東部、西部	
	20	ヨアヒム・キルシュナー大尉	188	JG3、27で東部、西部	戦死
	21	クルト・ブレンドル少佐	180	JG53、3で東部、西部	戦死
	22	ギュンター・ヨステン中尉	178	JG51で東部戦線	
	23	ヨハネス・シュタインホフ大佐	176	JG26、52、77、JV44で東部、本土	Me262で6機
	24	エルンスト・ウィルヘルム・ライネルト中尉	174	JG77、27で東部、西部	
	25	ギュンター・シャック大尉	174	JG51、3で東部戦線	
	30	ハンス・ヨアヒム・マルセイユ大尉	158	JG2、52、27でアフリカ、西部	戦死
	35	ゴードン・ゴロップ大佐	150	JG3、77で東部、西部	150機初
	70	ハインツ・ウォルフガンク・シュナーフェル少佐	121	NJG1、4で夜間No.1	
	78	ヴェルナー・メルダース大佐	115	JG53、51で西部、東部	100機初
	83	クルト・ビューリンゲン中佐	112	JG2ですべて西部	戦死
	84	ヘルムート・レント大佐	110	NJG1、2、3で夜間	戦死
	94	アドルフ・ガーラント中将	104	JG2、27、26、JV44で西部、本土	Me262で7機
	102	ヨゼフ・ヴェルムヘラー少佐	102	JG53、2で東部、西部	戦死
	105	ヨゼフ・プリラー大佐	101	JG51、26で東部、西部	
イギリス	1	St. J. パトル少佐(南ア)	41	中東、ギリシャ	戦死
	2	J. E. ジョンソン中佐	38	西部戦線	
	3	A. G. マラン大佐(南ア)	35	西部戦線	
	4	ピエール・H・クロステルマン大尉(フランス)	33	西部戦線	フランス義勇軍
	20	D. R. S. バーダー大佐	23	西部戦線	41.8捕虜

一九四二年の暮れから四三年の春まで、エーザウ中佐指揮下のJG2第II戦隊にいたエーリッヒ・ルドルファー（最終少佐）は、Fw190をもってシシリー、チュニジアで二七機撃墜したのちJG54に移り、一年半第II戦隊長をつとめ東部戦線で一三六機を撃墜、終戦までに合計二二二機のスコアで第七位となった。

JG51のハインリッヒ・ベール（最終中佐）は、一九四一年七月初めに下士官として最高の二七機を撃墜、八月末までに東部戦線で早くも六〇機となった。Fw190に改変された愛機で一九四二年五月、一〇〇機、四四年四月、二〇〇機撃墜を果たした。のちにJG71、JG1、JF3（団長に）と移りJV44でジェット・エース（一六機）となった。最終二二〇機で第八位となる。

ハインリッヒ・ベール中佐

JG2のアドルフ・ディックフェルト（最終大佐、一三六機）、エゴン・マイヤー（最終中佐、一〇二機、一九四四年戦死）。ヨゼフ・ヴュルムヘラー（最終少佐、一〇二機、一九四四年六月戦死）、JG3のフリードリヒ・カール・ミューラー（最終中佐、一四〇機、一九四四年戦死）、ウォルフ・ディートリッヒ・ヴィルケ（最終中佐、一六二機、一九四四年戦死）、JG51のギュンター・シャック（最終大尉、一七四機）、アントン・ハフナー（最終中尉、二〇四機、一九四四年戦死）、ヨアヒム・ブレンデル（最終大尉、一八九機）、ギュンター・ヨステン（最終中尉、一七八機）、クルト・タンツァー（最終中尉、一四三機）らは、Ｍｅ109からＦｗ190を通じての超エースたちである。

またＦｗ190を、もっとも多く使った戦闘飛行団はアドルフ・ガーラントのいたＪＧ26で、一九四三年以降、本部から第Ｉ、第II、第III戦隊まで常備二〇〇機近くあった。ヨアヒム・ミュンヘベルク（最終少佐、一三五機、ＪＧ51からＪＧ77に転出し一九四三年三月戦死）、エミール・ランク（最終大尉、一七三機、一九四三年九月戦死）、ヨゼフ・プリラー（最終大佐、一〇一機、第III戦隊長から飛行団長となり、ノルマンディー上陸では部下と二機だけで迎撃）ウィルヘルム・ガーラント（最終大尉、五五機、一九四三年九月戦死、アドルフ・ガーラントの実弟）らのエースたちがいる。

そのほかＪＧ１、ＪＧ４とＪＧ５、ＪＧ６、ＪＧ300、ＪＧ301の戦闘飛行団に加え、ＳＧ４、ＳＧ77の地上攻撃飛行団、ＳＫＧ10の高速爆撃飛行団などにも、Ｆｗ190のバリエーションが配備されていたが、その高性能と使いよさ（脚がＭｅ109は弱かったがＦｗ190は頑丈）のために、本来の戦闘任務から戦闘爆撃、地上攻撃、急降下爆撃、高速偵察などいろいろの任務を背負わされたからである。

それ自体、Ｆｗ190の優秀性を物語るものであるが、また逆にオールラウンド・ファイター（万能戦闘機）は数の上からも手間からも、戦闘機自体の戦力をそがれるわけで、〝角をためて牛を殺す〟ことになってしまった。そこにＦｗ190が大戦後半、完全に主力戦闘機の座におさまれなかった原因の一つがあったのである。

勇敢なる人間の証明、鉄十字章

それにしてもドイツのトップ・エース、いや世界の撃墜王上位三人――ハルトマン、バルクホルン、ラルが、いずれもJG52に属し、みな愛機を一貫してMe109としていたのはなぜか。

それは、一九四二年十一月から四三年末まで飛行団長をつとめていたディートリッヒ・フラバク（最終中佐、一二五機）およびJG52で長く中隊長、戦隊長をしたあと、いったん本土防空任務に離れたが、一九四四年初めからまた戻ってきて敗戦まで飛行団長となったヘルマン・グラーフ（最終大佐、二一二機）、ベテランの戦隊長ヨハネス・シュタインホフ（最終大佐、一七六機）、ヴィルヘルム・バッツ（最終少佐、二三七機で第六位）らの、

「機種の改変をするより、Me109のままでいい、FおよびG型は最高」

というMe109維持論が、JG52全体に反映し、そのまま通されたものと思われる。

とくにヘルマン・グラーフは、もともとは鍛冶職工であったが、空軍入りしてからJG52とともにあり、第Ⅲ戦隊の第9中隊長としてフランス戦、クレタ島作戦に参加した。

一九四二年一月二十四日には東部戦線で四二機を撃墜（騎士鉄十字章）、五月十四日に早くも一〇〇機（七人目）、同月十七日に一〇四機（柏葉騎士鉄十字章）、同月十九日に一〇六機（剣付柏葉騎士鉄十字章）と、まさに早撃ちの名手、抜く手も見せぬ早技でスコアを重ねた。

とにかく五八機目から一〇四機目までの四七機を、一七日間で撃墜した（一日に二・四機のペース）のだからものすごい。

さらに同年九月十六日には、一七二機となってダイヤモンド剣付柏葉騎士鉄十字章を得、

ドイツ論功行賞の四大タイトルを八ヵ月間でにぎってしまった。こうして十月二日、ドイツ空軍最初の二〇〇機撃墜者となり、戦隊長としての戦闘行動を禁止された。まだこの時期、勲功ばかりでなく指揮官として有能な者を第一線から退かせ、空軍幹部の一員に加える余裕があった。最終二一二機は第九位である。

このグラーフは、映画俳優にも似た甘い風貌（マスク）をしていて、内に秘めた闘志は満々としていた。メッサーシュミットMe109の一撃離脱性を生かし、太陽を背に敵機に近寄り手練の早業で的確な銃弾を浴びせると、たちまちそれは煙と炎の尾をひいて落下していくのであった。彼はこの実績をふまえ、Me109の優秀性を主張、機種変換をこばんだ。

もちろんFw190は飛行団本部にも回されていて、その有効性は知られていたが、やはりベテラン・パイロットの主張は説得力があり、乗りなれた機体の連用を認められた。

さらにJG52戦闘の場が、東部戦線におけるソ連機相手で、しかもウンカのごとき大群とあれば、ベテラン指導のもとに育ったエースたちのMe109の特性を生かした大量撃墜が可能となり、ドイツ空軍トップ・エース三人を同じJG52から出すとともに、戦闘飛行団中最高の総合撃墜数（一万一〇〇〇機）もかせぎ出すことになったのである。余談になるが、鉄十字章にまつわるエピソードを紹介しておこう。

この全軍通じての論功行賞の勲章は、つねにネクタイとしてつけておくことにより、生死をのり越えてたくましく生きてきた勇敢なる人間の証明であった。

たとえそれが単なる騎士鉄十字章であっても、軍の中で一目おかれるし、町を歩けば市民から尊敬と感謝のまなざしをもって見られた。

まして剣付、ダイヤモンド剣付柏葉騎士鉄十字章であり、空軍戦闘飛行団のパイロットであれば、全軍全国民の注視をあつめ、女性たちにもてはやされたのである。

ハンス・ヨアヒム・マルセイユが北アフリカ戦線に到着したときは、

「僕には映画女優の友だちがいるんだぜ」

と自慢していたのに、一九四二年夏のロンメル軍団進攻に寄与して剣付柏葉騎士鉄十字章を受けたころには、ウーファやトビスの撮影所内で女優たちが、

「わたしはマルセイユと友だちなのよ」

と言い合うくらいに変わっていた。

彼の性格と正反対の撃墜王エーリッヒ・ハルトマンは、はにかみ屋であると同時にすでに恋人（後のウルスラ夫人）がいたこともあり、いつも目立たぬよう気をつかっていたという。

いずれにしても鉄十字章は、当時のドイツではオリンピアの勝利者に与えられる月桂冠とは比較にならぬ、絶大の重みと誇りを備えていたのである。

ハルトマンのカモはLa5戦闘機

JG52のトップ・エースであるばかりでなく、個人撃墜数では第二次大戦中、世界最高の三五二機というエーリッヒ・ハルトマン（最終少佐）は、戦線に着いたのが〝アフリカの星〟マルセイユが戦死した直後の一九四二年十月で、大戦の中盤戦に当たり比較的新しい。しかし場所が東部戦線であり、〝スターリングラードの悲劇〟をはね返すためのドイツ軍大攻勢に呼応した奮戦だったから、大量撃墜のお膳立てはそろっていた。

ヒトラーよりダイヤモンド剣付柏葉騎士鉄十字章をうけるハルトマン

「坊や（ブービー）」とアダ名されたくらいのやさ男だったが、最初の教官エドムンド・ロスマン曹長（九三機撃墜）の好リードもあってMe109Fにより奇襲攻撃を旨とする空戦のカンをつかみとると、一年目三〇〇回の出撃で九五機を撃墜した。もっともカモにしたのは〝スターリングラードの救世主〟La5戦闘機で、彼の戦術原則「判断―決心―攻撃―反転」により手ごわい相手をひねりつぶしている。

このころ、ソ連の親衛連隊の撃墜王アレクサンドル・ボクルイシュキン（最終大佐、五九機撃墜、ソ連二位）がLa5でしばしば出撃、JG52と交戦しているので、あるいはハルトマンのMe109G-4と撃ち合ったことがあるかもしれない。ボクルイシュキンの空戦信条は「勝利の要因は作戦行動と近接射撃にある」とし、これはまさにハルトマンの戦術原則と一致している。

冬将軍に追われて敗走するドイツ軍を救援すべく、「パンテル」戦車を主体とする機甲部隊が出動したものの、ソ連のイリューシンIl2「シュトルモビク」地上攻撃機に三七ミリ砲で戦車装甲をぶち抜かれ、つぎつぎと破壊炎上していった。
ハルトマンは攻撃に夢中になっている「シュトルモビク」に対し、後下方からその滑油冷却器をねらいうちして（エンジンと操縦席下方にはぶ厚い装甲がほどこしてある）、かたきうちをしている。

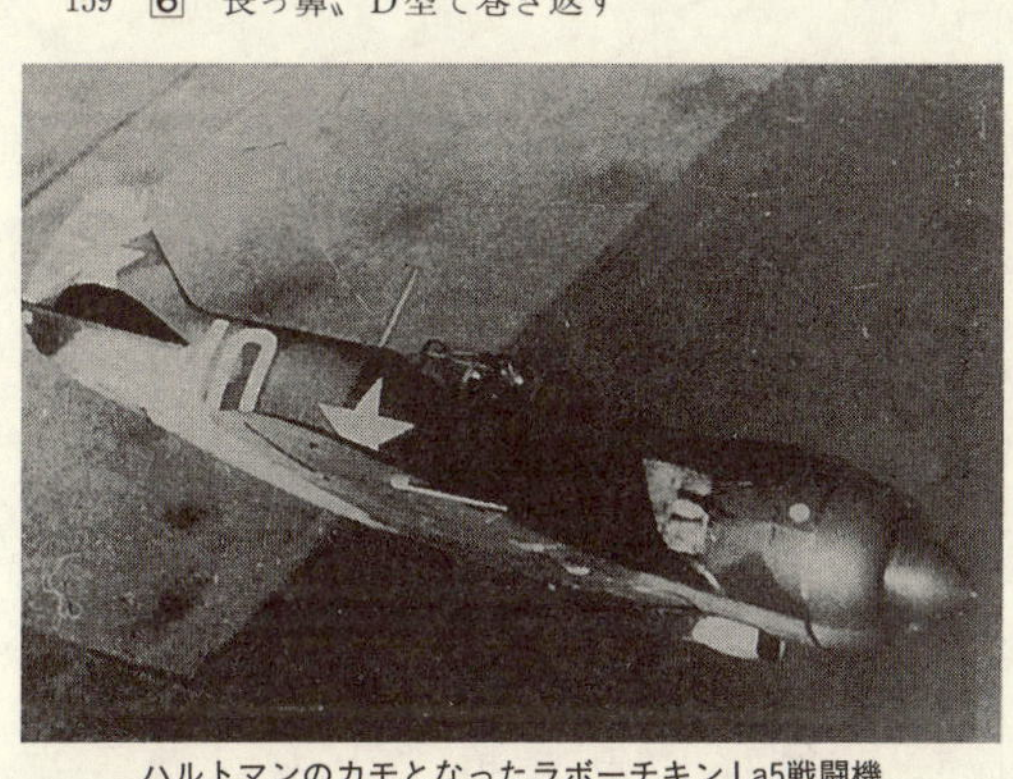
ハルトマンのカモとなったラボーチキンLa5戦闘機

一九四三年十月二十九日には、一四八機で騎士鉄十字章を受けた。大戦初期、アドルフ・ガーラントが一七機で同章をもらっているのに、これはなんと不合理な、と思われるかもしれなが、〝バトル・オブ・ブリテン〟という重要な時期、そして西部戦線ということから、大戦後半の東部戦線とはおのずから評価が違っている。

一九四四年三月二日に二〇二機でようやく柏葉騎士鉄十字章、七月一日に二五〇機で剣付柏葉騎士鉄十字章（七月二十日にヒトラーは暗殺計画による爆発で負傷し、八月三日のインステルブルクにおける授与式では亡霊のようだった、と彼は述べている）、八月二十四日に三〇一機でダイヤモンド剣付柏葉騎士鉄十字章を受けたが、一九四五年五月八日をもって、とどまるところを知らぬ記録も三五二機で終わった。

撃隊機種の中には援ソ用のP39「エアラコブラ」やB17援護のP51「ムスタング」(五機)などアメリカ戦闘機も含まれており、決して〝弱い者いじめ〟ばかりでなかったことを物語っている。ハルトマンは、戦後一〇年間ソ連で抑留生活を送り、再建西ドイツ空軍に参加、退役したのち一九九三年九月三十日、七十一歳で死去した。

スコア三〇一機で第二位のゲルハルト・バルクホルン(最終少佐)は、JG52でハルトマンがくる以前、一九四二年八月二十三日、すでに五九機を撃墜し〝ソ連機殺し〟の異名をもって騎士鉄十字章をもらっている。一九四三年一月十一日に一二〇機で柏葉騎士鉄十字章、四四年三月二日に二五〇機で剣付柏葉騎士鉄十字章を受けているが、数度の負傷でペースを落とし、四五年一月五日の三〇〇機になってもダイヤモンド剣付はもらえなかった。すでに事態が切迫し、それどころではなくなっていたためで、彼にとって気の毒であった。しかし彼は、そのようなことも気にしない中世騎士的な戦士であり、ハルトマンに「彼は私の会った人のうちでもっともりっぱな人物だった」といわせた男である。

JG52のトップ・トリオ第三位、二七五機のギュンター・ラル(最終少佐)は一九四二年九月三日に六五機で騎士鉄十字章、十月二十六日に一〇〇機で柏葉騎士鉄十字章を受けたあと、四三年九月十二日に早くも二〇〇機二番のりを果たし、剣付柏葉騎士鉄十字章を受け、さらに十一月二十八日には二五〇機(二人目)とハイペースだったが、五度撃墜され二度の重傷を負って、ダイヤモンド剣付を逸した。もしこの傷がなければ、射撃の名手であることから彼は最高エースとなったかもしれない(一九四四年三月にJG11へ転属)。

Fw190の多彩なバリエーション

このようにMe109は、すぐれた特性をひき出せる経験あるパイロットによって偉大な力を発揮したが、やはり馬力が強く火力の大きいFw190は、ベテラン・新人を問わず大方のパイロットに頼りがいのある存在だった。

そこでA-5のあと、両外翼のMGFF二〇ミリ砲をMG151二〇ミリ砲に代えたものをA-6、その戦闘爆撃機型をA-6／R2、エンジン上部のMG17七・九ミリ銃（二梃）をMG131一三ミリ銃にし、降着装置を丈夫にしたものをA-7、その戦闘爆撃機型をA-7／R2、同R3とし、さらに二一センチ・ロケット弾二発を両翼下につるしたA-7／R6もつくられた。

さらに燃料タンクをふやして（六三〇リットル）航続時間をのばしたA-8が、一九四三年末から出ている。これは落下増槽をつけると、航続距離が一三〇〇キロ以上になった。

A-8は、いろいろのバリエーションがある。両外翼のMG151二〇ミリ砲をはずして、新たにMG151二〇ミリ砲を二門ずつ内翼におさめ、強力な武装となったA-8／R1、地上援護機としたA-8／R3、コクピットを装甲板でおおい、外翼にMK108三〇ミリ機関砲二門を設けた戦略爆撃編隊攻撃用のA-8／R6、特殊無線器と自動操縦装置を積んだ全天候型戦闘機A-8／R11、二五〇キロ爆弾一発と五〇キロ爆弾四発を積み、古いJu87D急降下爆撃機とともに東部戦線で使うようにしたA-8／U11、複座練習機A-8／U1（三機のみ）など実に多い。

米空軍のB17、B24爆撃機が、しだいに高度を上げて高々度爆撃を行なうようになって、

Fw190A-6／R11

六〇〇〇メートル以上で性能を低下しはじめるＦｗ190は、迎撃に困難を感じた。一撃をかけて再上昇すると、二撃までの間合いが六〇〇〇メートル以下よりも時間がかかるのである。
　対戦闘機戦でも、捕獲Ｆｗ190Ａ－３で十分比較テスト済みの「スピットファイア」Ｍｋ９は、巧みに虚を衝いてＦｗ190を攻め、初期の圧倒的優勢を保てなくなって

いた。
そこでA－8のエンジンを、BMW801F二〇〇〇馬力（離昇出力）に換装したところ、高空性能はぐっとよくなった。これがA－9で、さらに排気タービン付きのBMW801TSエンジンとして全天候型A－9／R11もつくられている。
A型最後のA－10は、A－9と同じエンジンの戦闘爆撃機で、爆弾な

Fw190A-8／U1

ら一七五〇キロ(日本でいえば重爆クラス)、落下増槽なら三〇〇リットル入りタンク三個をそれぞれつるすことができた。
　なお開発当初から、与圧キャビン付きの高々度戦闘機型Fw190B型およびC型も試作されたが、いずれも生産にはいっていない。
　というのは、A-0の増加試作V17、V19両機のBMW801C空冷星型

一四気筒エンジンを、ユンカース「ユモ」213A(離昇出力一七七〇馬力)の液冷一二気筒(水噴射すると二二〇〇馬力)に換装した本格的高々度戦闘機Fw190D型(D-0、D-1)がつくられ、一九四一年末からテストにはいって成功をおさめていたからである。
　空冷エンジンから細長い液冷エンジンに代わったのに、その前へ環状

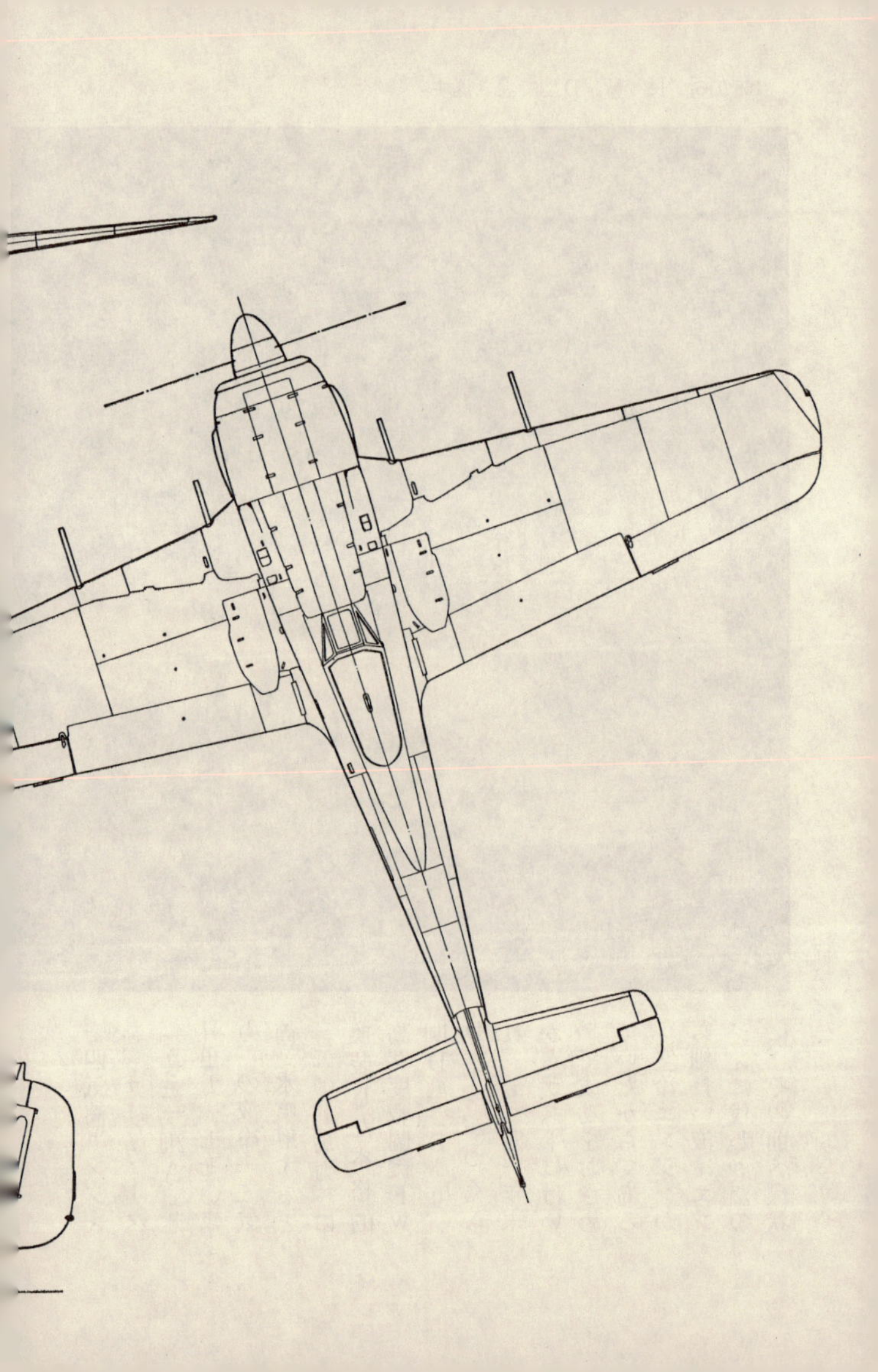

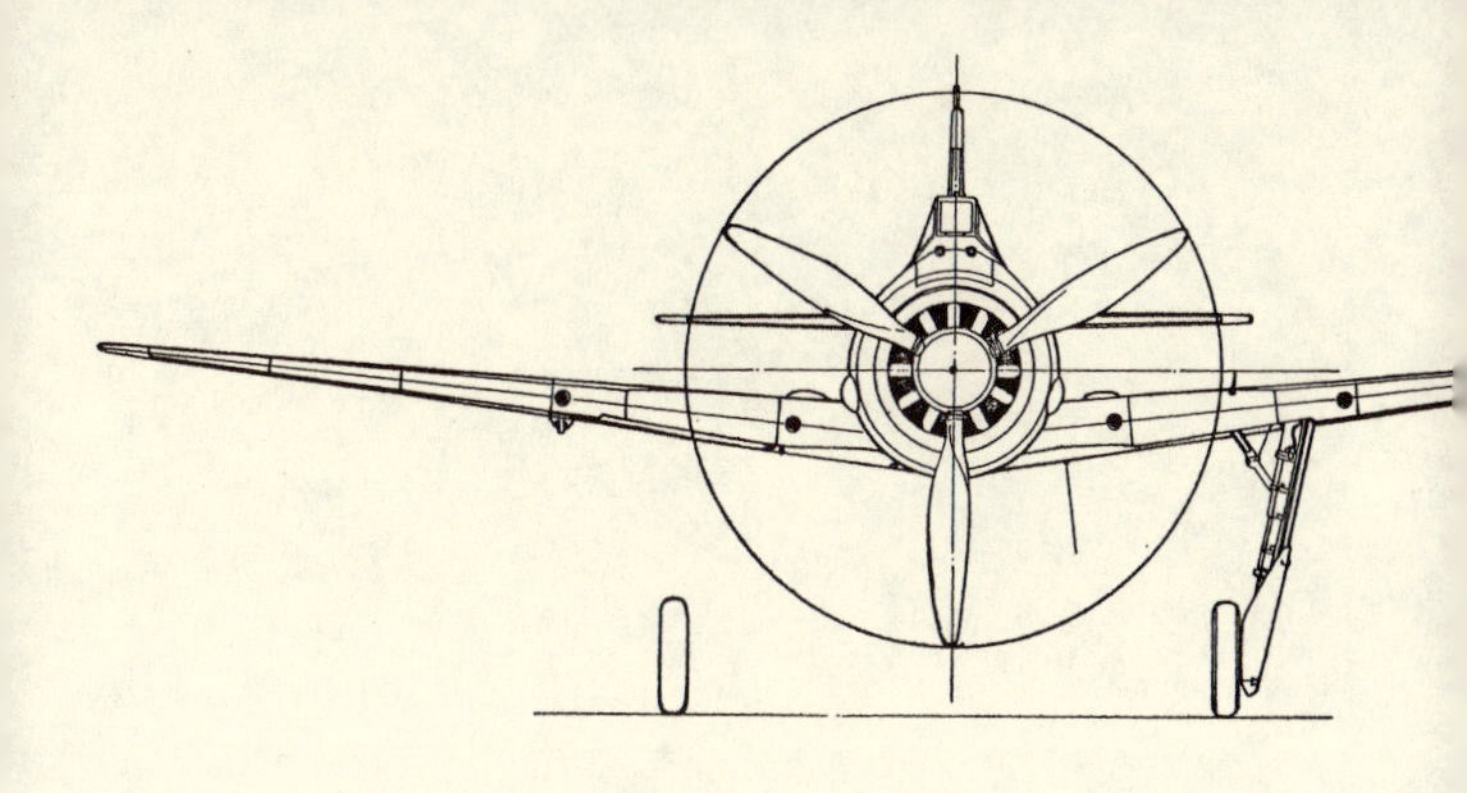

Fw190A－8

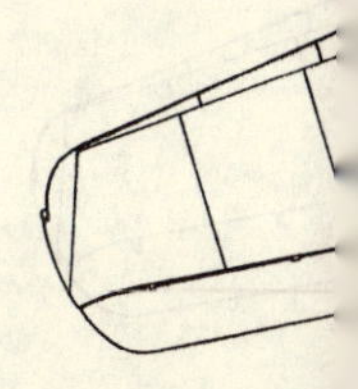

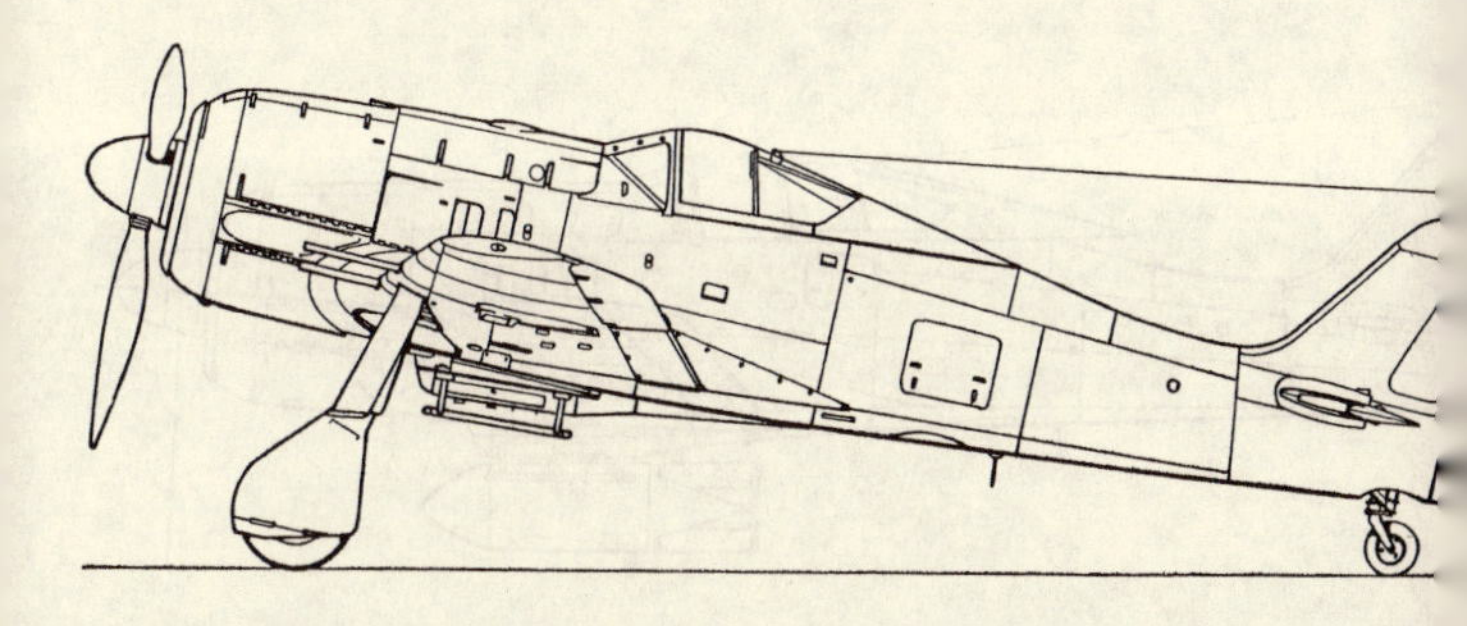

Fw190A－8(続き)

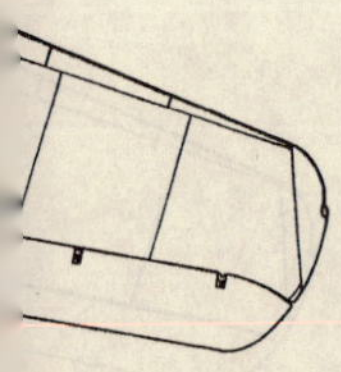

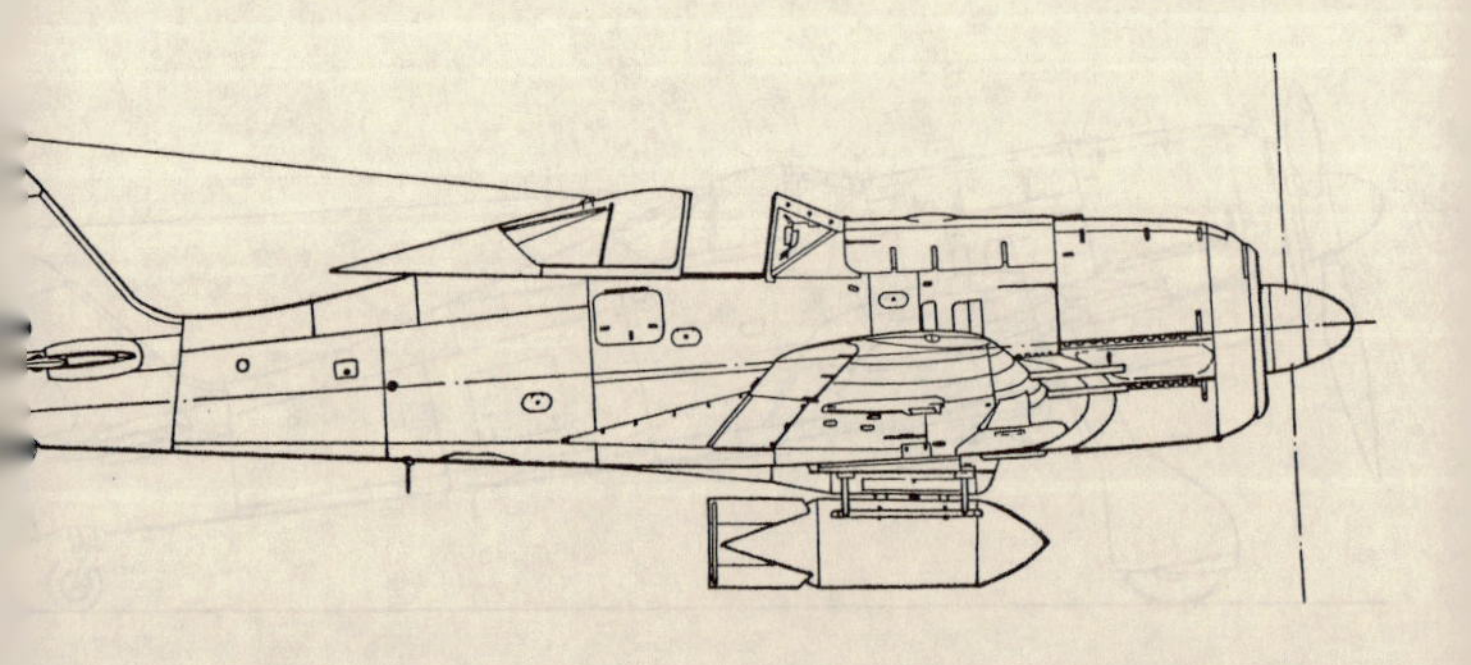

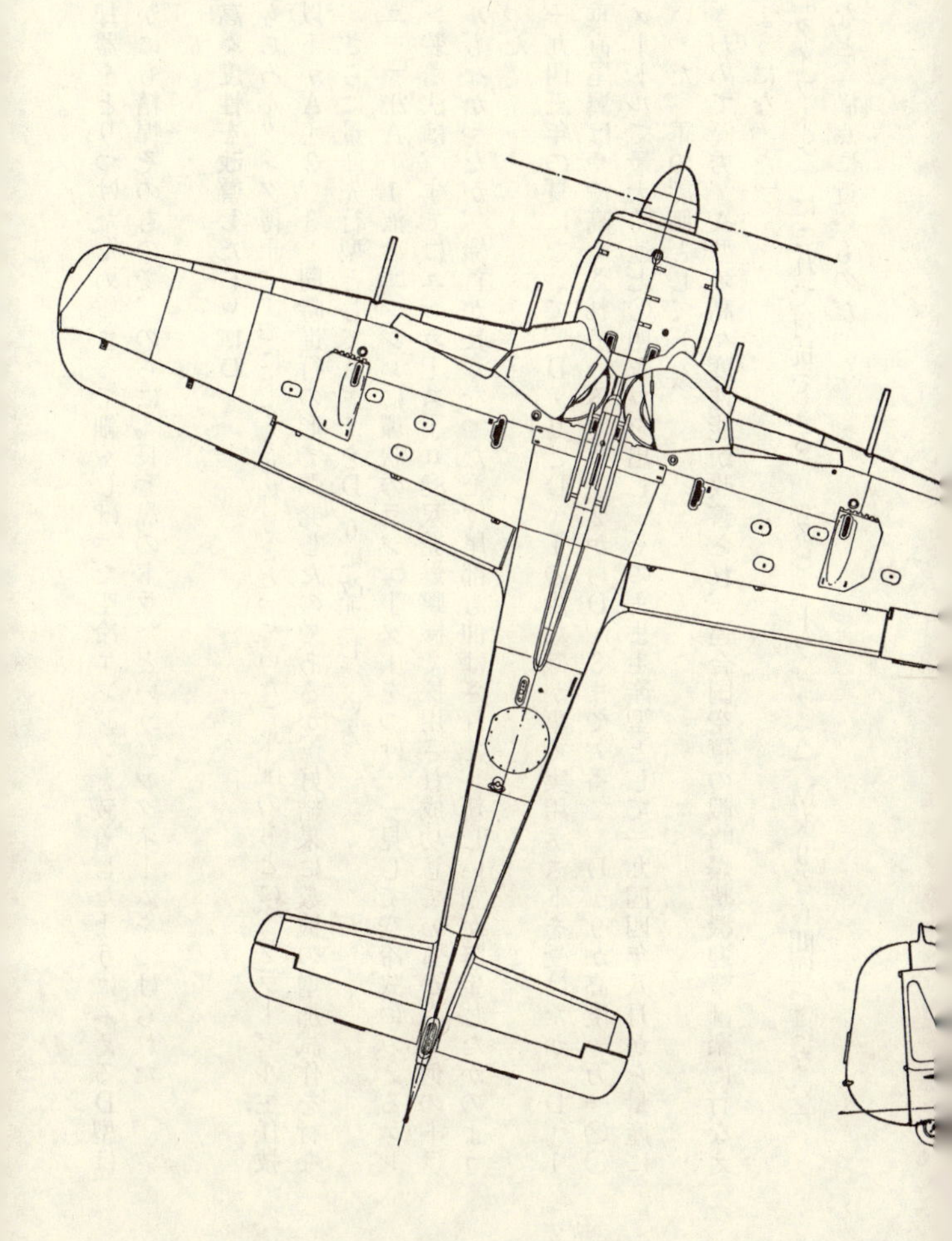

冷却器をとりつけたため、まるで細くしぼった空冷エンジンを装着したようにみえるD型は、いかにも精悍そのもので、のちに〝長っ鼻のドラ〟というニックネームをつけられた。

高々度性を改善したFw190D

もちろんタンク博士（すでにドクトル称号をとっていた）采配のもとに、ブラーゼル主任技師以下がA-2、3と同時進行の形で開発したのであるが、好結果に数機の増加試作を行ない、さらに量産先行型としてA-7をD-0に改造している。

「ユモ」213A-1液冷エンジンに環状のラジエーターをつけ、一見して空冷式にみえるエンジン装着法は、すでにユンカースJu88双発爆撃機で採用され成功しているから、何のトラブルもなかったが、機首が長くなっただけ尾部も伸ばされて、新しい型が誕生したかのようだった。

一九四三年の夏になって、D-0とD-1の少数機が軍で実用テストを受けたが、D-1の垂直尾翼はやや高くされている。D-2からD-8まで欠番で、D-9が高度一万一〇〇〇メートルで最大時速七〇四キロを出し、そのまま生産型として一九四四年八月から量産にはいった。軍の評価として、

「きわめて優秀、A型の高々度性能が改善され、連合国空軍の戦略爆撃機迎撃は楽に行なえるようになった」

「『タイフーン』にこれで対抗できる。『スピットファイア』Mk9なら問題ではない」

など、満点に近いものだった。

実際にFw190Aでは、七〇〇〇メートル以上を飛行してくるB17、B24、「ランカスター」などの四発重爆に対し上方からの一撃しかかけられなかったし、またハリネズミのような彼らの防御砲火には、重装甲して三〇ミリ砲二門を外翼につけたA-8／R6の肉薄攻撃でなければ墜としにくくなっていた。

さらに、援護進攻してくるP38、P47、P51、「スピットファイア」Mk9戦闘機に対しても、中高度ならいいが低高度や高々度となると返りうちにあった。

もっとも手痛かったのは、一九四二年冬から四三年にかけて英本土南部海岸をFw190Aがしばしば低空攻撃をかけたとき、ホーカー「タイフーン」戦闘機に要撃され損害を受けたことである。

「ハリケーン」をベースに二〇〇〇馬力エンジン（ネピア・セイバー2A）をつけた「タイフーン」は、高空性能がよくないしトラブルは多かったが、低空性能にすぐれ、Fw190の強力な阻止者となった。一九四三年にはフランス、オランダ、ベルギーなどにあるドイツ空軍基地および軍事施設の攻撃を行ない、大打撃を与えている。

このような苦い経験から、連合軍四発爆撃機と援護戦闘機を高々度でも追撃できる性能と、さらに低高度で「タイフーン」を排除できる性能をFw190の改良型に求めていたドイツ空軍は、まさにそのD型にめぐりあえて喜んだ。

当時、戦況の急迫から、四発爆撃機ハインケルHe177「グライフ」と双発ジェット戦闘機メッサーシュミットMe262の開発と実用化を急いでいた。He177は意気込んで製作した双子エンジン（二基のエンジンを並列にまとめて一基にし、一個のプロペラを回す形式で、四発でも外

見は双発にみえる）がトラブルつづきでものにならず、Me262だけがようやく実用化のメドが立ちはじめたところという情況だったから、Fw190Dの成功はドイツ空軍巻き返しの一番手として大いに期待されたわけである。

英軍もカブトをぬいだFw190D

液冷エンジンとなってほっそりしたスタイルは、主

Fw190D-9

翼とのバランスもうまくとれ、見るからに高性能を思わせるが、一九四三～四四年に制式採用となって戦線に登場した各国の単座戦闘機との比較を、次ページに表示してみよう(参はFw190D-9をさらに高性能化したTa152C-3であるが、生産数が少ないので参考までにのせた)。

　これをみると、Fw190D-9の翼面荷重が二六四キ

主翼面積 m2	全備重量 kg	最大速度 km／h (高度m)	上昇時間 m／分秒	上昇限度 m	航続距離 km	機関銃・砲 口径mm×数
18.30	4830	686 (6600)	6000／4′30″	13000	840	20×2　13×2
18.84	4130	653 (6300)	10000／16′30″	11410	1300	20×4　13×2
16.20	3680	685 (7400)	6000／6′00″	12600	560	30×1　13×2
19.50	5000	741 (10500)	1000／1′00″	13000	1200	30×1　20×2
22.48	3402	657 (8000)	6100／7′00″	12900	690	20×4
22.48	3856	709 (7200)	6000／7′00″	13500	760	20×4
25.92	5030	648 (5400)	4500／6′10″	10200	1600	20×4
28.05	5175	678 (5550)	4500／5′00″	10800	1300	20×4
30.42	9800	660 (7600)	6100／7′00″	13400	4200	20×1 12.7×4
28.06	6610	687 (—)	6100／11′30″	11200	1650	12.7×8
21.60	4440	711 (9080)	9100／12′30″	12740	1530	12.7×6 (後期型)
29.20	5680	680 (7700)	1100／1′00″	12700	1790	20×4
17.50	3400	665 (5000)	5000／4′10″	10000	—	20×3
14.90	2660	648 (500)	5000／4′30″	10800	815	20×1 12.7×2
21.30	2733	565 (6000)	6000／7′00″	11740	1920	20×2　7.7×2
20.00	2950	590 (5000)	5000／5′30″	11600	1100	20×2　13×2
21.00	3890	624 (6500)	5000／6′26″	10500	1600	20×2 12.7×2

第二次大戦後期に登場した各国単座戦闘機

	機名	エンジン	最大出力 馬力×数	全幅 m	全長 m
ドイツ	フォッケウルフFw190D−9	ユンカース・ユモ 213A−1	2240×1	10.51	10.20
	フォッケウルフFw190A−8	BMW801D−2	1800×1	10.51	8.84
	メッサーシュミット Me109G	DB605D	1800×1	10.06	8.90
	㊫フォッケウルフ Ta152C−3	DB603LA	2300×1	10.82	10.63
イギリス	スーパーマリン「スピットファイア」Mk9	ロールスロイス・マーリン61	1720×1	11.23	9.55
	スーパーマリン「スピットファイア」Mk14	ロールスロイス・グリフォン65	2000×1	11.23	9.95
	ホーカー「タイフーン」Mk1B	ネピア・セイバー2A	2180×1	12.6	9.73
	ホーカー「テンペスト」Mk5	ネピア・セイバー2B	2420×1	12.49	10.06
アメリカ	ロッキードP38J「ライトニング」	アリソン V−1710−89	1425×2	15.85	11.53
	リパブリックP47D「サンダーボルト」	P&W R−2800−21	2300×1	12.42	11.00
	ノースアメリカンP51B「ムスタング」	パッカード V−1650−7	1720×1	11.28	9.82
	ボートF4U−4「コルセア」	P&W R−2800−18	2300×1	12.48	10.27
ソ連	ラボーチキンLa7	シュベツォフ M−82FN	1775×1	9.81	8.53
	ヤコブレフYak3	クリモフ M−105PF−2	1222×1	9.20	8.50
日本	零戦52型(A6M5)	栄21	1130×1	11.00	9.12
	三式戦Ⅰ型「飛燕」(キ61−Ⅰ)	ハ40	1175×1	12.00	8.75
	四式戦Ⅰ型「疾風」(キ84−Ⅰ)	ハ45−25	2000×1	11.74	8.92

Fw190C－V8／U1

Fw190D - 9

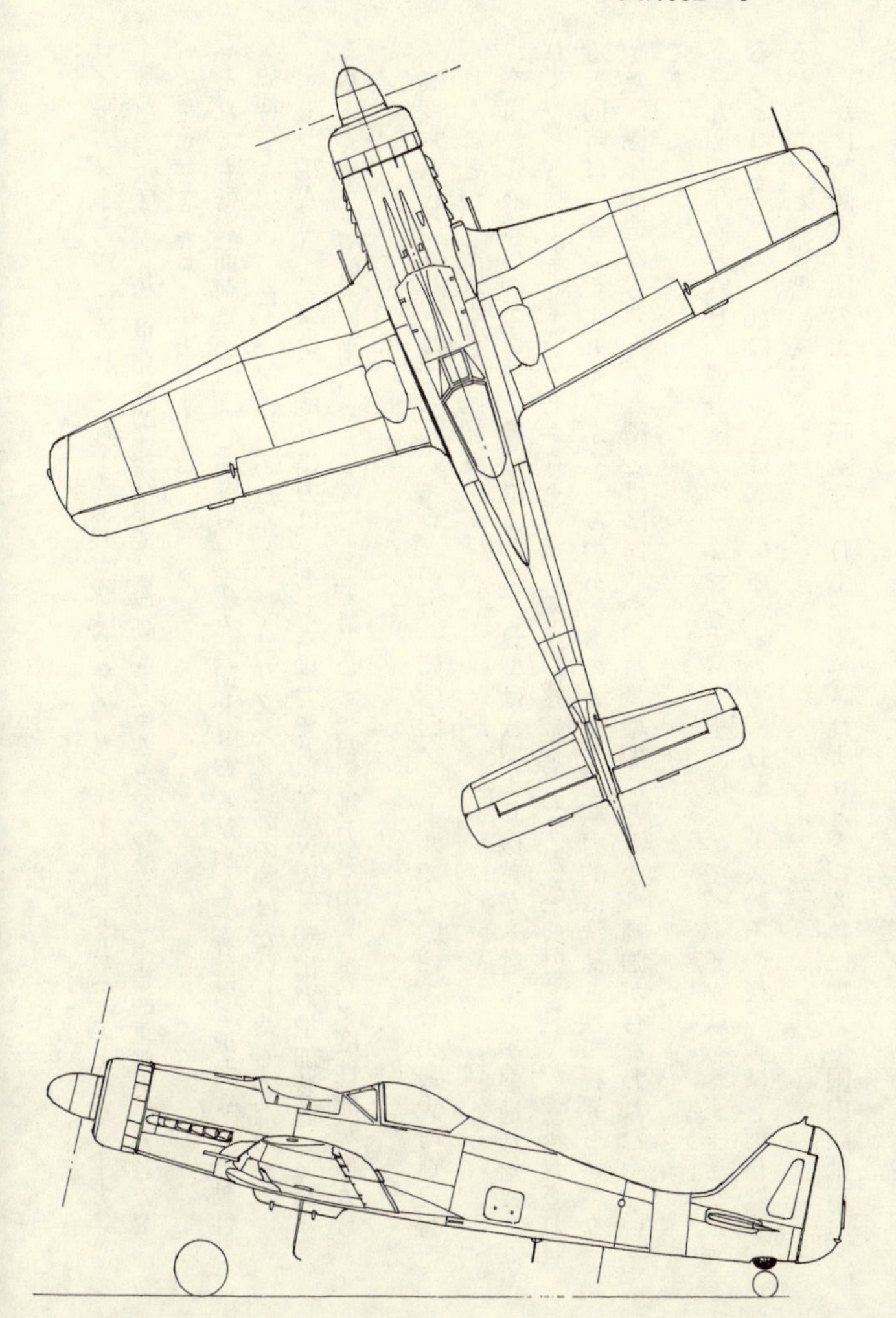

ロ／平方メートルに達し、これより高いのは双発のロッキードP38L（三二七キロ／平方メートル）だけであり、単発戦闘機の中では最高であることがわかる（本格的重戦といわれたP47でさえ二三六キロ／平方メートル）。

それでも低翼面荷重の「スピットファイア」Mk9および14とそれほど違わない運動性（旋回性ではない）をもっていたのだから、やはりタンク技師の腕はたいしたものだった。

「ユモ」213Aエンジンは、離昇出力は一七七六馬力であるがNW-50出力増加装置（いわゆる水メタノール噴射）を用いることによって最大二二四〇馬力を出し、高々度性能が増大した。

高度六六〇〇メートルで六八六キロ、一万一〇〇〇メートルで七〇四キロの最大時速を得られたことが、それをよく物語る。

空冷から液冷へのエンジン換装によって、D型はA型より機首が六〇センチ前進した（これで〝長っ鼻のドラ〟とアダ名される）。そこで胴体後半もわずか改設計され、やや延長されると同時にキャノピーもややふくらみのあるものとなり、空力的に洗練されて視界もよくなった。機体構造はもちろんA型とほぼ同じで、重量増加にともなう補強が行なわれたくらいである。

一九四四年六月六日、連合国軍のノルマンディー上陸によって、ドイツ敗戦へ王手をかけることになるが、これについては次章に述べるので、Dシリーズのその後の戦績を前後はするがここにとりまとめておきたい。

いかに戦闘飛行団の士気が旺盛で、D型が期待されようとも、敗勢に加えて国内諸都市および軍事施設、飛行機工場を爆撃されては、その量産も意のごとくならず、フォッケウルフ社のコットブス工場とフィーゼラー社のカッセルバルダウ工場から流れ出るFw190D－9の数は、Fw190A－8生産の合間をぬうためまばらだった。その実戦配備も一九四四年秋から、JG54の第III戦隊、JG26の第I、第II戦隊、JG2などにようやく行なわれ、一九四五年になってJG3の本部中隊、第IV戦隊の一個中隊も受領した。

D－9はB17、B24、「ランカスター」に対して、これまでのA型よりはるかに効果的攻撃が加えられた。またP47D、P51B、「スピットファイア」Mk14、「タイフーン」Mk1Bにも、互角以上の空戦を演じた。中でもJG51のときからFw190Aで戦ってきた、JG3の第IV戦隊長オスカー・ロム中尉は、D－9による中隊を指揮して暴れ回り、自らもこれによる戦果を含めて終戦までに九二機撃墜している。

イギリス側も、

「ベテランに操縦された〝長っ鼻のドラ〟は低、中、高のどの高度でも、連合軍戦闘機よりすぐれていた。ただ『テンペスト』（イギリス）だけが加速力にまさっていたに過ぎない。『スピットファイア』の改良も、ついに追いつくことができなかった」

と、その優秀さを認めている。敗れたりとはいえ、ドイツ航空技術の誇りを示したものであった。

合計二万機生産されたFw190

Dシリーズにおけるバリエーションはつぎのとおりである。D－9は地上攻撃用に三〇ミリ砲を装備したR3、全天候戦闘用に装備を強化したR11、魚雷をつるし雷撃用にしたR14が少数つくられたが、この面ではほとんど活躍していない。

D-11は迎撃戦闘および地上攻撃用で、翼付け根にMG151二〇ミリ砲二門と外翼にMK108三〇ミリ砲二門の重武装とし、一九四五年一月から少数生産した。

さらにD-12も同じく、エンジンを「ユモ」213F二〇六〇馬力(三段過給器付き)とし、プロペラ軸を通してのモーターカノンMK108三〇ミリ砲一門と、MG131一三ミリ銃二梃、MG151二〇ミリ砲二門である。11、12いずれも七二五キロ(高度一万一二〇〇メートルで)の最大時速に達した。

D-13は「ユモ」213EBエンジンに換装し、プロペラ軸モーターカノンをMG151の二〇ミリとし、TSAZDという爆撃照準器をつけて、五〇〇キロ爆弾を八発積めるようにした戦闘爆撃型。

D-14、D-15はともにエンジンを換装する計画だったが、取り止めてつぎのTa152Cへ引き継がれた。

これらのD各型は、終戦までに約六五〇機が生産されただけだが、その戦績は前にも述べたように大きなものがあった。あるいはドイツの生んだ、最高の傑作機といってもいいであろう。

ちなみにFw190の総生産数は二万一機といわれ、メッサーシュミットMe109の約三万五〇〇機、「スピットファイア」の約二万五〇〇〇機に次ぐ、飛行機量産史上第三位となる。その内わけは戦闘機型が一万三三六七機、戦闘爆撃型その他が六六三四機であり、終戦近くには後者を主力に生産した。

また一九四四年の引き渡し数が、一万一七六七機ということは、この年ドイツが爆撃にあえぎながらも、いかにすべてをかけて生産に励んだかがわかる。

7 たった二機でノルマンディー迎撃

北アフリカの枢軸軍敗退によって、戦場はイタリア本土に移り、イタリアが無条件降伏したあとも、ドイツ軍は巧みな長期防衛戦を展開する。このとき活躍したのがヤーボ（戦闘爆撃機）型のFw190であった。

しかし、一九四四年一月九日からソ連軍が東部戦線で大攻撃を開始し、旧ポーランド国境を突破してドイツ本土に迫るとともに、連合軍機は一九四三年秋からフランス沿岸の防御地点、飛行場、交通通信網を徹底的にたたき、さらにヨーロッパ内陸深く航空機工場、航空兵力の撃滅をはかって、きたるべき大陸反攻作戦の機は熟したのである。

連合軍、ノルマンディーに上陸

フォッケウルフのマリエンブルク工場も、一九四三年十月九日の爆撃で大損害をこうむった。Fw190D型などの生産が意のごとくならなくなったのはこの結果だった。地下工場や町工場、鉄工所に疎開して生産はつづけられたが、消耗にまったく追いつかなかった。

もっとも大規模な空襲は、一九四四年二月十九日から二十四日までの六日間連続して行なわれた、ブランズウィック、ライプチッヒなど一二目標の爆撃であった（十九日にライプチッヒを爆撃したイギリス空軍は、八二三機中七八機を失っている）。その多くがFw190、Me109、Me110、Ju88、Ju188などの工場で、それらの量産計画を大きく狂わせている。

参加したアメリカ第8、第15空軍の重爆（B17、B24など）は約一〇〇〇機、援護戦闘機（P47、P38、P51）は一七グループ約三七〇〇機、投下した爆弾は一万トンに達する。この空襲は〝ビッグ・ウィーク〟と呼ばれ、Dデイへの布石としてドイツ航空兵力を弱めた重要な作戦であった。

第8空軍のB17によるベルリン爆撃も、三月四日から始められ、六日には早くも六六〇機が一六二六トンの爆弾を投下した（大戦中最大の昼間爆撃）。この一連の戦略爆撃は、一九四五年四月十日までつづけられる。

一方、イギリスに攻撃必至の恐怖を与えていたV兵器の基地に対する攻撃――〝クロスボウ〟作戦は、一九四三年十二月五日からはじめられ、四四年六月六日（ノルマンディー上陸日）までに延べ二万五一五〇機で三万六〇〇〇トンの爆弾を投下し、発射サイト九六のうち八三に被害を与えてV兵器の戦力を激減させた。

こうして連合軍の北フランス上陸による第二戦線展開の時間は刻々と迫り、その日――Dデイが何月何日なのか、ドイツにとって重大な問題となった。すでにドイツ軍情報部は、イギリスのBBC放送がフランスのレジスタンス組織へ向けて、ヴェルレーヌの詩、「秋の日のヴィオロンのためいき」（第一節）

を上陸の予告、
「身にしみてひたぶるにうら悲し」（第二節）
を四八時間以内に上陸という暗号として、放送の中に使うことを探知していたが、かんじんの上陸地点に関しては、偵察機や水上艦艇の不足から確たる情報をつかむことができなかった。

　そこで迎撃兵力をルアーブルとダンケルク方面に集結させていたが、意外にもヒトラーは、

「アイゼンハウアー（連合軍最高司令官）はおそらく、カーンとシェルブールの間のノルマンディー地区に上陸させるに違いない。連合軍には大きな港が必要だからだ」

　と独特のカンを働かせ、警戒を厳重にするように指令していた。

　ところが、ドイツ軍首脳部——ルントシュテット元帥（西方軍総司令官）、ロンメル元帥（フランス防衛B軍集団司令官）、ヨードル将軍（国防軍最高司令部作戦部長）らは、連合軍のにせ情報によってセーヌ川東部地区とサンロー（ノルマンディー西部）付近を上陸地点とみて、ヒトラーの指令を重視していなかった。

連合軍のノルマンディー上陸

六月五日午後九時十五分、いよいよヴェルレーヌの詩第二節がBBC放送から流されてきた。

フランス海岸線のドイツ軍陣地は、ただちに厳重警戒態勢にはいったが、まさしくDデイは翌六日で、午前一時、ノルマンディー地区を守備するドイツ第7軍の背後シェルブールにパラシュート部隊とグライダー部隊が降下（一万七〇〇〇人）、連合軍の上陸作戦が開始されたのである。

しかしこの事態となっても、ドイツ軍司令部はノルマンディー上陸は単なる陽動作戦と考え、睡眠中のヒトラーを起こしもせず、またゲーリングはショルフハイデで狩猟中だった。

たった二機で連合軍を迎撃

守備するドイツ第7軍は、激しい爆撃と艦砲射撃によって、たちまち退路と補給路を絶たれ、孤立してしまったが、迎撃すべき空軍はどうしていたのだろうか。

すでに述べたように、上陸に先立って行なわれたフランス沿岸の飛行場、航空基地爆撃で衰弱した航空兵力を温存するため、各飛行団は後方に避難せざるをえなくなっていたが、ノルマンディーを守備範囲とするJG26も、第I戦隊をレームに、第II戦隊をガスコーニュに、第III戦隊をメッツに後退させていた。

JG26の飛行団長は、すでに九六機を撃墜しているオーベルスト・ヨゼフ・プリラー中佐で、六月五日、所属する第3航空艦隊幹部に対して電話で、

「上陸は必至だから各戦隊を早く集めるべきだ。いま攻撃されたらどうする？　このままほ

うっておくとは狂ってる！」

と激しくつめよった。すると、

「上陸はまだない。天候が悪化している」

愛機の操縦席に立つプリラー中佐

とのんびりした応答。彼は受話器をどんと置くと、荒々しくレームの飛行場へ飛び出した。

そこには二機のFw190A-8があったが、一機はプリラー中佐の乗機、もう一機はハインツ・ヴォダルツィク准尉のものである。二人は飛行団への物資供給を監督するために残っていたのだった。

プリラーはかたわらのヴォダルツィクにいった。

「もし上陸が始まったら、彼ら（第3航空艦隊）はわれわれ二人で守ってくれると思っているんだろうな。だからわれわれは、一杯飲んでそんなこと忘れっちまおう」

翌六日午前八時、プリラーは電話によって、連合軍が本格的に上陸を開始したことを告げられた。

きたるべきものはきた。二機のFw190は飛行準備を完了している。プリラーとヴォダルツィクは愛機にとび乗って離陸すると、上陸地区海岸線の攻撃をすべく急いだ。間もなく、二人の勇敢なドイツ戦闘機パイロットは現場に到着し、海岸に沿って飛びながら、上陸用舟艇のおびただしく広がっている光景に愕然とした。

プリラーは無電でどなった。

「ハインツ！　ごらんのとおりだ。われわれがこれを殲滅できるわけはないから、おれのやるとおり正確につづいてきてくれ。ではこれからはじめる。もう戻れると思うな！」

「承知しました、中佐！」

数秒間の沈黙ののち、プリラーはやわらかくつけ加えた。

「幸運を祈るぞ、ハインツ！」

Ｆｗ190二機は、翼をひるがえして舟艇の大群の中へ突っ込んでいった。さらにスウォード、ジュノー、ゴールドと名付けられた海岸四〇キロを、六〇〇キロの時速で高度三〇メートルまで下がりながら、砲門を開きっぱなしで掃射していった。上陸軍兵士はあわてふためき、砂の上へ伏せるとともに、自動小銃や機関砲で応射した。

早くも二人のパイロットは、舟艇から数えきれない対空砲火の目標となった。しかし彼らは弾薬のなくなるまで、上陸軍の頭上すれすれの反覆攻撃をつづけた。海岸は血なまぐさい光景を現出したが、間もなく二機は上昇して雲間にかくれ、連合軍支援戦闘機がかけつけたときには、もう上陸地点から姿を消していたのである。

プリラーとヴォダルツィクの二人は、奇跡的に無傷で帰投した。

彼らはＤデイ初戦に出動できた、きわめてわずかのルフトバッフェであったが、その勇気と熟練した飛行技術で信じられない能力を発揮したといえる。その夜、少数のＪｕ88がかなりの爆弾を上陸地区にばらまいて、抵抗の一端をわずかに示した。

「ルフトバッフェはどこにいるんだ？」

と、ノルマンディーの岸に群がる連合軍兵士を迎え撃ったドイツ軍兵士は叫んだというが、ドイツ軍首脳陣の死にもの狂いの飛行機投入策も、連合軍航空兵力がはるかにまさっていたために圧しつぶされてしまった。

移動していた多くのドイツ軍機は、目的地へ達する前の空戦で、ほとんどやられていたのである。ＪＧ54の第Ⅲ戦隊などは、パイロットの五〇パーセント、機体のＦｗ190Ａを七〇パーセント失っている。

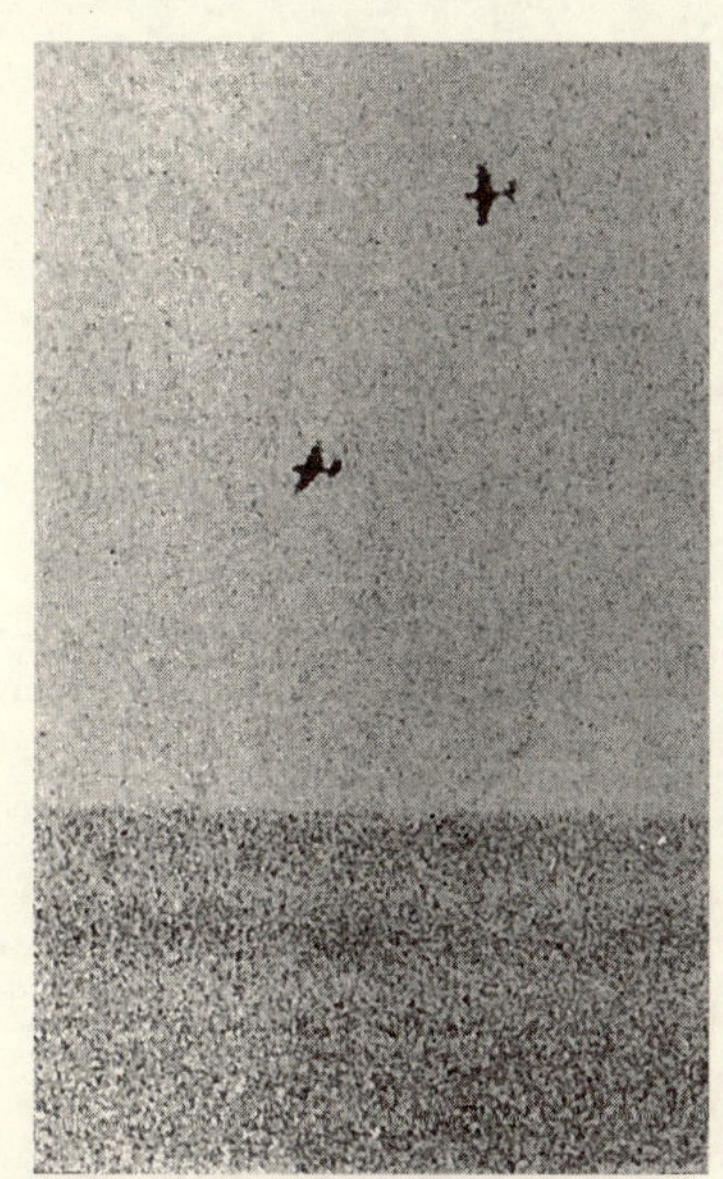

ノルマンディーで迎撃する2機のFw190

〝ハップ〟ことヘンリー・アーノルド元帥はこういっている。

「Ｄデイは、強力なドイツ空軍に対する野外演習のようなものだった。多数の上陸用舟艇は海峡をうめ尽くしていた」

かつてのドイツ空軍も、こういわれてはカタなしといったところで、Ｆｗ190ただ二機の勇敢な迎撃が、かろうじて面目を保ったのであった。

Fw190F、G型の生産に拍車

連合軍のノルマンディー上陸作戦には、上陸用舟艇四六〇〇隻、掃海艇三一七隻、総艦船六五〇〇隻、兵士二八万人のほか、重爆三四六七機、中・軽爆一六四五機、戦闘機五四〇九機、輸送機二三一六機を投入した。レイテ上陸作戦の上陸用舟艇六八五隻、沖縄上陸作戦の同じく一二一三隻とくらべれば、その規模のいかに大きいものだったかがわかるであろう。

上陸後の航空作戦は、フランスにおける陸上部隊の進撃に呼応し、地上作戦の直接支援攻撃となるが、これに対するドイツ空軍の抵抗は微々たるもので、防衛軍もじりじりと後退していく。

しかしDデイからわずか一週間後の六月十三日、ドイツは残存するV兵器によってイギリス本土攻撃を開始した。パルス・ジェット動力によるV1号飛行爆弾が、ロンドンに向けて発射されたのである。十五日から十六日にかけて約三〇〇発発射され、七三発がロンドン市内に落ちて損害を与えた。

つづいて、より大型のロケット・ミサイルV2号（全長一四・〇三六メートル、全重量一二・九トン、爆薬一トン）が、九月八日からロンドン、東海岸地方、アントワープの攻撃をはじめている（終戦まで約一〇〇〇発発射、死者二七〇〇人、重傷者六五〇〇人、軽傷者一万五〇〇〇人）。

しかし、連合軍必死のV兵器基地および生産諸施設破壊作戦によって、その威力はガタ落ちとなっていた。もう起死回生の報復攻撃を打つ手もなく、あとは本国防空に切り換えざるをえない。それまでの飛行機生産の権限を、航空省管轄から党直属の新設の戦闘機生産本部に移し、戦闘機最優先の生産態勢にはいった。

このときFw190D-9は、生産ラインにのったところであった。新型機への切り換えは大局的見地から戦闘機生産を低下させるとして抑えられ、いぜんとしてFw190AシリーズとMe109シリーズが、主力のまま継続生産された。

そこでFw190シリーズのうち、A-4/TropやA-4/U8などがアフリカ戦線で活躍し、その発達型A-5/U3が一トン爆弾を積んで爆撃機並みの効果を発揮したので、すでに開発されていた戦闘爆撃専用のFシリーズとGシリーズの生産に拍車がかけられることとなったのである。

まずF型は地上攻撃用で、脚柱をやや長くして補強し、〝ガーラント・フード〟と呼ばれるふくらみのついた風防となった。さらにエンジン・カウリング、脚カバー、コクピットのまわりを八ミリの防弾鋼板でおおい、地上砲火から守るようにしてある。

エンジンはA-4、A-5と同じBMW801D-2で、F-0とF-1はMG17七・九ミリ機銃二梃、MG151二〇ミリ砲四門と胴体下に二五〇キロ爆弾一発を抱いた。F-2は外翼のMG151をはずし、さらにF-3ではMG17も除いた翼付け根のMG151だけとし、爆撃を主目的にしている。F-7はエンジン上部のMG17をMG151に換え、再び火力を強くした。

F-8になるとR4Mロケット弾二四発か対戦車ロケット弾一四発、あるいは各種の爆弾を装備できるようになっており、F-8/R14は魚雷、F-8/R15は一・四トンの対戦車爆弾、F-8/R16は五〇〇キロ爆弾一発あるいは四〇〇キロ爆弾二発を積めるといったよ

Fw190F-8

うに、多くのバリエーションがある。F－9はR4Mロケット弾六発を翼下に、二五〇キロ爆弾一発を胴体下につけた。

　G型は戦闘爆撃および急降下爆撃用で、A－5／U3と基本的に変わらずF型より先に出現していた。G－0は一トン爆弾を胴体下、G－1（五〇機）は、一・八トンまでの爆弾を翼下に抱いた。G－2、G－

2/Trop、G-3、G-3/Trop、G-4、G-4/Tropはいずれも MG17七・九ミリ機銃二梃と MG151二〇ミリ砲二門を装備し、わずかの違いがあるだけである。G-8はNW50メタノール噴射装置付きで、一九四四年二月に生産を終わっている。

ソ連空軍の量に負けたドイツ空軍

東部戦線はまさ

に大消耗戦であった。ドイツ空軍が新しく機体をつぎこんでも、ソ連空軍はとめどもなく増強され、その力関係は日に日に悪化していった。大戦初期、電撃戦の主役だったユンカースJu87「スツーカ」急降下爆撃機にしても、ここではすでに鈍速で、しだいに精鋭化しつつあるソ連戦闘機（La5、ヤク9など）の好餌となり、いたずらに

Fw190G-3

パイロットの損耗を招くだけだった。
そこで一九四三年のはじめから、対地攻撃用のFw190A-4/U3がSG1（第1地上襲撃航空団）の第II戦隊に配属され、ソ連軍陣地を攻撃していたが、春にはFw190Gに代わった。そして十月になると、Ju87の部隊名称であったスツーカ・ゲシュバーダー（St・G=急降下爆撃航空団）をやめて、シュラハト・ゲシュバーダー（SG＝地上襲撃航空団）となり、一九四四年秋までにはSG2以外の全地上襲撃航空団が、Ju87からFw190GおよびFに改められた。Fw190FとGは、一九四二年春から設置されたFw190A－4／UやMe109F－4／Bによる、単なる戦闘爆撃機の「ヤーボ」とは違い、機銃砲を半減させ、燃料と爆弾搭載量をふやした本格的地上襲撃機である。

これによってドイツ空軍が、やがて旧式になるべき運命のJu87急降下爆撃機に頼り切っていて、その後の発展と開発を怠り、それがだめとなるとあわてて戦闘機からの変化を求めた無策さ、頑迷さをうかがい知ることができよう。イギリスではデハビランド「モスキート」、アメリカではダグラスA20「ハボック」、ダグラスA26「インベーダー」と、双発で敏捷な地上攻撃（襲撃）機を早くから開発し、有効に使っていたというのに……。

いずれにしても一九四三年春、ソ連空軍はノビコフ少将（のちの空軍最高司令官）指揮のもと、北海と中部戦線に六〇〇〇機をあつめ、新手のパイロットをつぎこんでいった。

これに対してわずか一〇〇〇機となったドイツ空軍は、地上襲撃戦法の創始者ヴォルフラム・フォン・リヒトホーフェン元帥（第一次大戦撃墜王の甥にあたる）に率いられ奮闘したものの、これに抗することは無理だった。

そして同年夏、中部戦線に二〇〇〇機を投入していったドイツの反攻は、すでに一万機を超えていたソ連空軍によってははばまれてしまう。

もっともドイツ空軍の力をそいだのは、航空省の腐敗と堕落であった。大臣のゲーリングは大綱だけで施策にあまりたずさわらず、ほとんどミルヒ次官やギュンター・コルテン空軍参謀総長らにまかせきりで、さらに実務は省内の役人、それもナチ党員が牛耳るという内情だった。

そのため派閥争いが絶えず、策略はうずを巻くという弊害を生じた。メーカーや設計者、出入りの御用商人が、注文を受けるためには少なからずわいろを必要とし、情実を考えなければならなかったのである（金銭的不祥事が表に出なかったのは、ナチが領収書にやかましく、それを逆用する手があったからだという）。

その端的なあらわれとして、部下に実務をまかせっぱなしにして乱脈生産におちいり、結局、詰め腹を切らされピストル自殺に追いこまれたエルンスト・ウーデット、自らの飛行機を量産させるためナチに入党し、ヒトラー、ゲーリングにとりいって他のメーカー、設計者の排除に成功したウィリー・メッサーシュミット博士がある。

さらにいくらあっても足りない戦闘機なのに、ヒトラーとナチ幹部のいいなりになって戦闘爆撃機、地上襲撃機、攻撃機への改変を急がせ、生産計画を混乱させたうえ、戦闘機の数に大きな支障を及ぼした航空省役人たちの無能ぶりは、第一線で苦闘する戦闘機パイロットを嘆かせた。

体当たり特攻「シュツルム」

しかし戦闘機パイロットは、それに対して表だって文句もいわず、黙々として戦闘に励んだ。終戦までに、他の交戦国には絶対にみられない一〇〇機以上撃墜者を実に一〇七名も輩出し、しかもそのトップが三五二機という超人的な数字を示したのは、ドイツ人の職務に忠

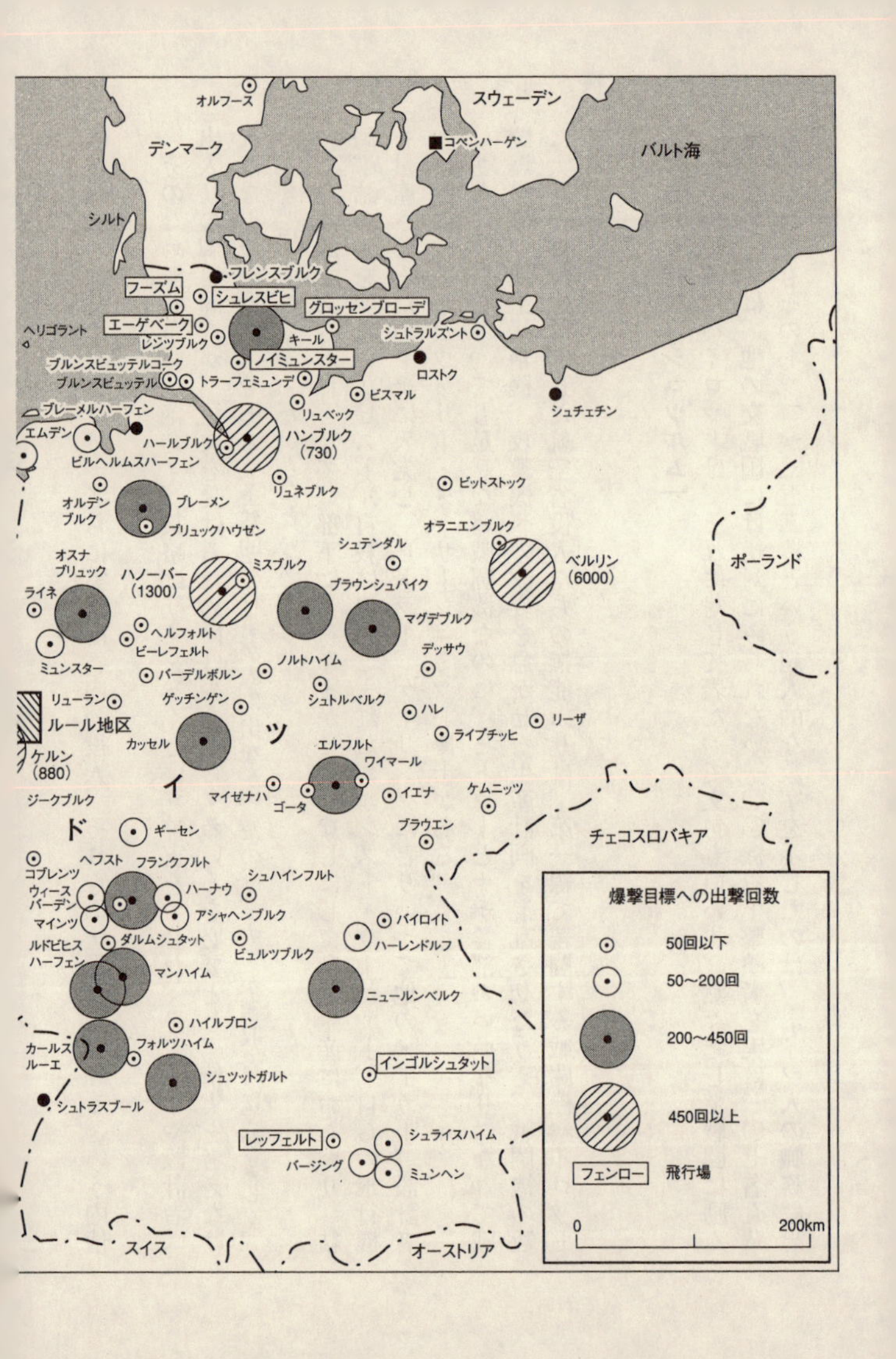
オルフース
スウェーデン
デンマーク
コペンハーゲン
バルト海
シルト
フレンスブルク
フーズム
シュレスビヒ
グロッセンブローデ
エーゲベーク
ヘリゴラント
レンツブルク
キール
シュトラルズント
ノイミュンスター
ロストク
ブルンスビュッテルコーク
ブルンスビュッテル
トラーフェミュンデ
ビスマル
シュチェチン
ブレーメルハーフェン
リュベック
エムデン
ハールブルク
ハンブルク
(730)
ビルヘルムスハーフェン
リュネブルク
ビットストック
オルデンブルク
ブレーメン
ブリュックハウゼン
オラニエンブルク
シュテンダル
オスナブリュック
ミスブルク
ハノーバー
(1300)
ベルリン
(6000)
ポーランド
ライネ
ブラウンシュバイク
マグデブルク
ヘルフォルト
ビーレフェルト
デッサウ
ノルトハイム
ミュンスター
パーデルボルン
シュトルベルク
リューラン
ゲッチンゲン
ハレ
ルール地区
リーザ
ツ
ライプチッヒ
カッセル
エルフルト
ケルン
(880)
ワイマール
イ
マイゼナハ
イエナ
ケムニッツ
ジークブルク
ゴータ
ド
ギーセン
ブラウエン
チェコスロバキア
コブレンツ
ヘフスト
フランクフルト
シュハインフルト
ウィースバーデン
ハーナウ
爆撃目標への出撃回数
マインツ
アシャヘンブルク
バイロイト
ダルムシュタット
ルドビヒスハーフェン
ビュルツブルク
ハーレンドルフ
50回以下
マンハイム
50〜200回
ニュールンベルク
ハイルブロン
200〜450回
カールスルーエ
フォルツハイム
インゴルシュタット
シュツットガルト
450回以上
シュトラスブール
レッフェルト
シュライスハイム
バージング
ミュンヘン
フェンロー
飛行場
0
200km
スイス
オーストリア

クサンテン
ヒュルス
フォルトゼッツンク
ハム
ブーデリッヒ
ブーエル
バンネアイケル
カーメン
シュテルクラーデ
カストロプラウクセル
北海
ハムボルン
オーベルハウゼン
ギルゼンキルヘン
ドルトムント
ルールオルト
ホムベルク
ボッフム
シュベルテ
ラインハウゼン
デュースブルク
ミュールヘイム
エッセン
ビッテン
クレフェスト
ハーゲン
エルバーフェルト
ジュッセルドルフ
シュベーレム
ライスホルツ
ウッペルタール
ノイス
ミュンヘングラートバッハ
ゾーリンゲン
ライン川
ルール地区
レバークーセン
0
30km
レーワルデン
ステーンバイク
ユリアナドロップ
ハンスドン
セントオールバンズ
ハットフィールド
リーベスデン
ソールズベリー・ホール
ロンドン
オランダ
トウェンテ
ハーグ
デーレン
アイントホーヘン
フォルケル
ヒールジエリエン
フェンロー
マルディック
フォレドニエップ
ビッサン
クールトレ
ブラウバイラー
サントロン
クナップザック
バットン
ルキュロ
デューレン
ボン
ソマン
ベルギー
アーヘン
フロランヌ
ラグラスリー
ブリスティルリ
ソットバスト
エルブービル
ボーブ
ルグランベルドレ
リゾン
ルクセンブルク
カーン
エブリュー
ジュバンクール
アランソン
アシェール
ザールブリュッケン
エボーヌメジュール
トロワッシ
パリ
メッツ
クーロミエ
エピネ
オルリー
シャルトル
シャトーダン
ルマン
フランス
ツール

英空軍の爆撃目標

実なゆえんと、チームワークと同時に個人プレーも重視するところから発したものとみられる。

そうした中で、英米空軍による戦略爆撃、非戦闘員一般市民の大量殺戮は重大問題で、「ハンブルク空襲のあと、ドイツ空軍の指導に責任を持つ人々の間で、戦闘機隊の増強と保護を行なうという決意と意見の一致をみたことはこれが最初であり、また最後であった」と、ガーラントがのちに書いているくらい挙軍一致の防空体制でのぞむことになった。

ところが戦況の推移とドイツ国内の対策は、それを意のごとくさせず相変わらず各都市に絨毯爆撃を許してしまった。エッセン、デュイスブルク、ニュールンベルク、ベルリン、マグデブルクなどへ……。

「ドイツ防空戦闘隊はたしかに活躍しているが、本国へ侵入させ、しかも都市爆撃をほしいままにさせるとは、指導者たちの責任は重いぞ」

「ゲーリング空相は被災地の視察にきてくれるが、まだ一度も顔をみせない者もいる（ヒトラーのこと）。われわれはいったい、だれのために戦っているのか。なんでこんな仕打ちを受けなければならないんだ」

という市民の怒りの声が聞かれるに及んで、敵大型爆撃機をなにがなんでも撃墜しようとする〝体当たり特攻法〟が一九四三年末、フォン・コルナッキ少佐によって案出された。

これは「シュツルム・フリーガー」と名づけられ、JG300の「シュツルム」第1中隊として編成された。昼間空襲のB17、B24編隊の先導機に後ろ上方から体当たりし、その直後にパイロットはパラシュートで脱出降下するという方法だった。

「コンバットボックス」と呼ばれた重爆一八機による密集隊形の防御網は、計二〇〇梃を超える機銃で構成されているので、これを崩すにはカナメとなっている先導機への体当たり撃墜しかなかったのである。

ただ日本の特攻隊と違うのは、体当たりしてそのまま人機もろとも果てようとするのでなく、体当たりしたらパイロットは脱出降下せよというのであった。しかし当たりどころが悪く、脱出不能のときは、いさぎよく機体と運命をともにするのが暗黙の了解だったといわれる。

日本でも空対空の体当たり特攻は、組織だって行なっていないのに、ドイツではすでに各戦闘飛行団に一個中隊ずつ「シュツルム・フリーガー」を配備する計画だったのだから、いかに戦略絨毯爆撃に手をやいていたかがわかる。

禁止された体当たり特攻

この日本のお株を奪う計画は、やはり中止される運命となった。

「脱出不可能の場合が多く、あまりにも危険である」というのが、その理由である。

だが、これはやや形を変えて、一九四四年五月、JG3の第III戦隊長ヴァルター・ダール少佐（最終大佐、一二八機撃墜）が、

「Fw190A－8のコクピットまわりを厚さ五ミリの装甲板で覆い、敵の防御砲火からまずパイロットを守る。こうして敵に肉薄したのち、主翼に装備したモーターカノンMK108三〇ミリ砲弾を至近距離から撃ち込む。このとき単独でなく、数機ないし中隊全機がV字型の編隊

を組んで、さらに装甲のない普通のFw190に援護をたのみ集中攻撃をかける」という案を提出、直ちに採択され、ヴィルヘルム・モリッツ大尉を第Ⅳ戦隊長にFw190A－8／R6による「シュツルム・グルッペ」（突撃飛行隊）が新設されたのである。

その結果は、四発爆撃機を三十数機撃墜するという好成績で、肉薄攻撃の正確さを実証し、JG300、301、302にも一個中隊ずつ設けられたのだった。

この「突撃飛行隊」を編成するにあたって、「シュツルム・グルッペ」のパイロットは全員、「敵戦略爆撃機の無差別爆撃から市民を守るため、戦闘機で肉薄攻撃を実施、場合により体当たり攻撃も辞しません」という誓約書を入れていた。

ところがこれを知った戦闘隊総監アドルフ・ガーラント中将は、

「肉薄攻撃はいいが、わざわざ体当たりする必要はない。体当たりまでしなければならないのは、技術が不足しているときと相討ちだけだ。パイロットは一朝一夕に養成できないから、それは避けてほしい。いや、してはならない」

と、体当たりの禁止を命令した。

そこでダール少佐も折れ、

「体当たりは原則としてやらない」

と訂正したといわれる。

日本の場合とは事情が違うとはいえ、ガーランドの戦時下においても人命尊重、人的資源保全策は見上げたもので、さすが若くして総監にとりたてられた人物だけはある。

ガーラントは一九四三年の春から夏にかけ、連合軍の行なったイタリアに対する大攻勢の

〝シュツルム・グルッペ〟に編成されたFw190A-8／R6

とき、シシリー島で大規模な空挺部隊に攻撃されて孤立したSKG10（第10高速爆撃飛行団、その第II、第III、第IV戦隊はFw190A－4／U8で編成されていた）を、ヒトラーの「シシリー島を死守せよ」の命に抗して、

「機材、人材ともに底をついているのに、みすみす無駄死にはさせたくない」

と、残るFw190約一〇〇機の胴体に地上整備員を二、三人つめこませたうえ、八月十七日の独伊軍撤退までに全員、ナポリ基地へ引き揚げさせたこともあった。

この思想は戦闘機隊全軍に浸透して、一九四四年五月中旬、クリミアから退却するドイツ軍とともに、JG52が撤退をはかったとき、第I戦隊長のエーリッヒ・ハルトマン大尉（当時二二一機撃墜）は、残るMe109の座席後部から無線電話や装甲板をはずさせて、その空間に地上整備員を二～四人押し込め、何度も往復して無事救出するという人道的離れ技を演じさせている。

戦闘機か爆撃機かでもめたMe262

このようなガーラントの反チナ的態度は、ゲーリングをはじめとする空軍首脳部に「出過ぎたことをする」とか「きびしいには違いないが、若い隊員の人気取りがちらつく」「生意気だ」といった反感を抱かせた。

もともと〝バトル・オブ・ブリテン〟の失敗にかんがみ、空軍幹部の若返りをはかってメルダース、ガーラント、エーザウらの優秀な若手をとりたて、また自分たちの戦略眼のなさから招いた敗戦であるのに、情勢が悪くなったときの責任は前線担当の司令官、若手指揮官になすりつけようとしたのである。

こうしたナチ空軍の風潮に業を煮やしていたガーラント総監は、ある日ゲーリングから、

「いまのドイツの戦闘機パイロットは無能者の集まりだ。いや、臆病者といったほうがいいかもしれん。とにかくだらしないぞ！」

とどやされ、カッとなって首につけていたダイヤモンド剣付柏葉騎士鉄十字章をもぎとると、床にたたきつけた。

ゲーリングとしては作為的なのかもしれないが、自分の直属の部下に対し激論の果て、互いに長いこと口をきかなくなったりした。空軍次官のエアハルト・ミルヒとも、まさにそのとおりのことがあった。

ことの起こりは、ドイツ空軍がエースとたのむメッサーシュミットＭｅ262ジェット機に関してである。

ジェット機に最初に手をつけ、世界初の飛行に成功させたのはハインケルのＨｅ176だったが、ヒトラー、ゲーリング、ミルヒ、ウーデットらは大して関心を示さず、それから三年たって初飛行（一九四二年七月十八日）したＭｅ262に非常な期待を寄せた。

すでにグロスター（イギリス）、ベル（アメリカ）でも開発されていたジェット機であるが、なんといっても技術国ドイツの実用的な双発ジェット機という魅力は大きく、対英攻撃一点張りのヒトラーは、

ジェット機 Me262の試作3号機

「Ｍｅ262は戦闘機としてよりも、敵戦闘機を排除して目標に達する電撃爆撃機として使ったほうがいい。だから爆弾の搭載法など改良することにして、戦闘機型の生産は禁止する」

と命じた。

これに驚いたのはミルヒ次官とガーラント総監である。

「冗談じゃない。Ｍｅ262は戦闘機として設計されているから、足（航続距離）が短くてとても爆撃専門にはならない。総統のわがままもこまったものだな、ガーラント総監」

「まったくですよ、次官。飛行機の使い方まで口出しされちゃ、戦争はできません。こういうことは実戦担当のわれわれにまかせればいい。情報によればグロスター（「ミーティア」）やベル（ＸＰ59）も、戦闘機として開発したというじゃないですか」

量産型の Me262A-1a 戦闘機

「そこでどうかな、総統には爆撃型でいくということにしておいて、空軍は戦闘機として開発を進めていこうじゃないか」

「賛成です。運動性は多少劣るが、八六〇キロ以上の時速で、敵の戦闘機であれ、爆撃機であれ一気に追いつめ、どしどし撃墜してみせますよ。ところで大臣（ゲーリング）はどうですかな」

「総統の意見どおりさ。心では反対していても、結局は従ってしまう」

「いってみればサンチョ役ですな」

二人は顔を見合わせて笑ったが、このあとゲーリングはミルヒとMe262の戦爆論でいい争い、しばらく口もきかなくなってしまった。

ゲーリングと衝突したガーラント

Me262は試作五号機（V5）になって、それまでの尾輪式から前輪式となり、さらに六号機（V6）は性能を上げた「ユモ」004Bエンジン（推力八九〇キロ）二基をつけて、基本の形ができあがった。

一九四三年十一月二十八日、キーンとうなりをあげて飛ぶ、その鮮やかな飛行ぶりを見た

ヒトラーは、

「すばらしい。これでイギリスにひとあわ吹かせることができる。爆弾もかなり積めるだろうな、ウィリー君」

「ええ、積めますとも、閣下」

「よし、至急、量産にかかれ」

　と、メッサーシュミット博士に無理やり爆弾を携行させることを納得させ、相変わらず爆撃機としての活用を考えていたのである。

　しかしミルヒやガーラントらの密約のように、すでにMe262は戦闘機として開発が進められており、爆撃機型はヒトラーを安心させるための試作一〇号機（V10）だけであった。

　戦闘機としての増加試作型A-0一三機は、一九四四年四月までに飛行し、いよいよ三〇ミリ砲四門を機首に集めた量産型のA-1a戦闘機の登場となった。つづいて武装の異なるA-1a／u1、全天候型のA-1／u2、写真偵察型のA-1a／u3、両翼下に二四発のR4Mロケット弾を装着するA-1bなどがつくられた。

　ガーラント中将はヒトラーからしぶしぶ、少数なら戦闘機として使ってもよいとの内諾を得ると、一九四四年七月、Me262をもってする、実用テストのEK262（262実用実験隊）を組織し、その隊長にJG

ヴァルター・ノボトニー少佐

54で第I戦隊長をつとめ、Fw190Dで活躍中のヴァルター・ノボトニー少佐（一九四三年十月十四日に二五〇機目に達し、全軍のトップ・エース、二十四歳）をすえた。

ノボトニーがJG54から連れてきた隊員たちと、Me262の実用テストをはじめたとき、すでに連合軍のノルマンディー上陸があり、その実戦配備は急を要することとなった。

そこでとりあえず、KG51（第51爆撃飛行団）に少数のMe262が配属され、ドイツをめざす連合軍に対し北フランスで地上攻撃を加えたが、史上初の実用ジェット機としての戦果はたいしたものではなかった。

一九四四年九月、ようやくMe262を手のうちに入れたEK262隊は、いよいよ実戦部隊として名称も〝コマンド・ノボトニー〟と改め、アッハマー基地で二個中隊四〇機をもって本土防空に参加、アメリカの戦略爆撃機群に突入し、恐るべきスピードと強火力によってわずか二、三日でB17、B24を五〇機撃墜したのである。空軍当局がこの大戦果に、いくつかの戦闘飛行団の中にMe262部隊を組み入れることを検討したのはいうまでもない。

ところが、相変わらず爆撃機をもって連合軍への攻撃、そして英本土爆撃に固執するヒトラーは、量産されるMe262がほとんど戦闘機として流れていることを知って怒った。

「爆撃機を優先するようにいったではないか。防空に活躍しても攻撃がおろそかになっては意味がない。ただちに戦闘機型の生産を中止し、すでに完成したのもすべて爆撃機に改造せよ。今すぐにだ！」

しかし彼は、ミルヒとガーラントを心底から責任追及はしなかった。二人がドイツにとって、いまやかけがえのない存在であることを知っていたからである。なのにあくまでも爆撃機にしたがるこの強情さ、やはり彼に末期的症状があらわれていたのであろう。

この状況において、ガーラントも〝サンチョ的ゲーリング〟に怒りを爆発させた。さきに、自分の統轄する戦闘機パイロットたちを、能なし、卑怯者とののしったことに対する反感も再発した。

「昨今のルフトバッフェの作戦面および統帥面をみていると、まったく実戦の情況にそぐわないことばかりである。まず爆撃機を戦闘機に優先させていること。つぎに飛行機の生産が消耗に追いつかないうえ、一戦隊、一飛行団を二面、三面の作戦に分散させる。これではいずれ消滅する運命にある。また新しいパイロットの養成など、まったく考慮に入れていない。Me262開発の混乱となると、まさに言語道断だ。その責任は、まさにゲーリング元帥の優柔不断にある。統帥力の欠如にある」

ふつうの軍幹部なら、このような率直な意見は自分の立場を危うくするので、はれものにさわるように避けてしまうのだが、ガーラントは正面切って堂々と報告してのけたのである。

ガーランド罷免に全戦闘飛行団決起

これより前、ヒトラーの暗殺未遂事件があった。

ノルマンディー上陸につづく、六月二十日のソ連軍大攻勢で、もはや奇跡が起こらない限り、ドイツの敗北への運命を変えることはできなくなっていた。ヒトラーと対立する心ある軍人たちにとって、ドイツの名誉を傷つけずに戦争を終わらせる方法は、ヒトラーを暗殺することだけだった。

一九四四年七月二十日、それは太平洋上における日本軍の最後にして最大の拠点、サイパンが陥落した四日後にあたるが、ルシュテンブルクの総統大本営のテーブルの下に、陸軍大佐クラウス・シェンク・フォン・シュタウフェンベルク伯が時限爆弾を仕掛けた。しかし爆弾は二人の副官を殺したにとどまり、ヒトラーは片耳の鼓膜を破ったのと左手に軽傷を負っただけであった。

悪運強しとしかいいようがないが、このためそれから何週間、何ヵ月というもの、ゲシュタポ（ヒムラー指揮下の秘密国家警察）は暗殺計画に加わった人間を情け容赦なく捜し出し、逮捕したため、国防軍内はその恐怖でマヒ状態におちいった。そして粛清により、数百人の将軍が処刑され、ロンメル元帥のような国民的英雄は、毒薬を飲まされ自殺の形に追いやられている。

ガーラントはもちろん、クーデターに参加したわけではなかったが、反ナチ的背景と度重なる作戦批判、攻撃的意見がゲーリングらを激怒させ、さらに反骨的なリュッツォー大佐を煽動したとしてガーラントから戦闘隊総監の職を奪い、一九四五年一月末に罷免してしまった。ゲーリングは明らかに、度を失っていたのである。

「ガーラントがクビになった」の報は、たちまち全軍にゆきわたり、とくに戦闘飛行団の将兵たちを決起させた。

「総監はドイツを思い、われわれを思って意見具申したのではないか。それなのにゲーリングは、個人的感情で総監をクビにした。大臣はこの危急存亡のときに、まだ高価な美術骨董品をカリン・ハル（ゲーリングの居城）にしまいこんで離さないというではないか。統率を乱すのはゲーリング自身だ。成金は軍事を忘れた。もし総監を復帰させなければ、われわれはもう戦わない。いや、ドイツ国民のために戦うのであって、ルフトバッフェの腐った人物のためではない」

　全戦闘飛行団は結束して、シュタインホフ、リュッツォー大佐（イタリアへ一連隊長として左遷された）ら各飛行団長の名においてガーラントの擁護、ゲーリング弾劾を遂行した。

ムソリーニ（左）を爆破現場に案内するヒトラー

　いまや戦闘飛行団の人気において、ガーラントはゲーリングを上回ったのだ。戦時、それも敗戦下のこの成りゆきに、もっともあわてたのはヒトラーである。

　さっそくゲーリングに対し、

「このざまはなんだ。部下の掌握もできない空軍大臣なんかやめてしまえ。パイロットに人望のあるガーラントには、適当な指揮権を与えなければならん。とにかく事後処理をうまくやれ！」

　とどなりつけた。

　サンチョ（ゲーリング）は返すことばもなくキホーテ（ヒトラー）に忠誠を誓うだけだった。

　ヒトラーの後継者と目されたゲーリングが、これほど権威を失墜したのは、ナチ党担当の総統官房長マルチン・ボルマンの意見に、ヒトラーが左右されていたこともある。ボルマンのおべっかつかいと中傷は有名で、ゲッベルス（宣伝相）もシュペーア（軍需相）も、そしてゲーリングに敵対するリッベントロップ（外相）さえも蛇のようにきらっていた。

ゲーリングは、このころすでに心の中で、敗戦を予期して身のふり方を考え、当たらずさわらずの政策を行なってお茶をにごし、降伏と同時に連合軍にとりいって戦後ドイツの支配者になろうと画策していたといわれる。

すでに一九四四年秋には、ドイツ空軍は実質的に全フランス、ベルギーから追い出され、陸軍もすべての戦線で敗退し「第三帝国」は余命いくばくもなくなっていた。もちろんドイツ空軍は、残存兵力をもってあくまで抗戦を期していたが、いかんせん燃料がほとんど底をついていた。軍需相アルベルト・シュペーアによる必死の合成燃料生産も米英戦略空軍の精油工場（ボーレン、プロエスティなど）徹底爆撃でガタ落ちとなり、一九四四年五月の航空燃料生産量は一九万五〇〇〇トン、七月には三万五〇〇〇トン、九月にはわずか一万トンに減ってしまった。年末と一九四五年初めにはやや回復したものの、二月には底をついた。戦闘機も爆撃機も必要以外、飛ぶことができない状態になったのである。

そこで低級なガソリン（ケロシン）や過酸化水素などを用いて飛べる、ジェット機Ｍｅ262やロケット機Ｍｅ163の生産を急いだわけだが、そこにも多くの混乱と障害が横たわっていた。

8 第二次大戦の最強戦闘機Ta152

世界初の実用ジェット機Me262「シュワルベ」（海ツバメ、爆撃機型は「シュツルムフォーゲル」）の実戦テストはどうにか進んで、それはやはり爆撃機としてよりも戦闘機としての能力にすぐれていることが再確認された。

航空省がヒトラーの意向とは別に、未熟練パイロットでも操縦でき、資材もあまりかからない軽便な単発単座ジェット戦闘機の開発と量産を企図したのも、当時のドイツの情勢から当然の成りゆきであった。

少年団員によるジェット戦隊案

一九四四年九月八日、「フォルクス・イエーガー」（国民戦闘機）という計画で、ユンカース、ハインケル、フォッケウルフ、メッサーシュミットなどの七社に仕様書が示された。ジェット・エンジン一基、乗員一人、総重量二トン、翼面荷重二〇〇キロ／平方メートル、最大時速七五〇キロ前後はいいとしても、

「一九四五年一月一日までに、量産開始を可能とすること」

という但し書きがついているのには、各社とも唖然とした。つまり四ヵ月に満たない短期間に試作機までつくって、治具その他の生産態勢をととのえろということだから、まず無理に近かったのである。

しかし、これに異常なファイトを燃やした男がいた。エルンスト・ハインケル博士は、たびたびナチ党員から悪口をいわれ、党員のメッサーシュミット博士にいつもしてやられているのに対し、敢然と挑戦したのであった。

もともと世界初のジェット機He178、同じく初の双発ジェット戦闘機He280（一九四一年四月五日初飛行。不採用）を手がけてきただけに、軽便ジェット戦設計の手並みは鮮やかで（実際の設計は主任のジークフリート・ギュンター）、仕様書を提示されてからわずか半月後の九月二十三日には、もうモックアップ（木型実物大模型）の審査をパスし、さらに六日後の二十九日には、一〇〇〇機量産の契約をとるという早業をみせたのである。

メッサーシュミットは目下手いっぱいということで競作からおり、フォッケウルフはタンク博士のTa183単発単座ジェット戦闘機（試作途中で終戦）を、同社のムルトップ技師が超小型軽量化した（総重量二・一三トン）「フォルクス・イエーガー」でのぞもうとしたが、とても間に合わなかった。

こうしてハインケルのHe162「サラマンダー」はBMW003A1（推力八〇〇キロ）エンジンを背中につけて、十二月六日には初飛行し、同十日にはデモ飛行まで行ない（これは翼の接着剤がはがれて分解墜落）、月産四〇〇〇機を目標に独走した（ただし戦争終結までに完成し

国民戦闘機 He162サラマンダー

たのは一六二機で、その一部はJG1に編入された)。

このHe162軽便ジェット戦闘機が、原型を見ずに量産契約を得た段階で、ナチ党の中から、

「この非常事態に、国民戦闘機(フォルクス・イエーガー)がかくも早く生まれ出ようとすることは喜ばしい。国民の中から有志をつのってこれに乗せ、敵爆撃機の攻撃に当たらせたいが、そのまえにヒトラー・ユーゲント(少年団)による少年戦闘機隊をつくり、He162に乗せて空軍の補助的役割を果たさせたらどうだろう」

という意見が出た。

日本でも予科練、少年飛行兵があって、多くの未成年者が大空に散っていったが、ヒトラー・ユーゲントの場合はさらに年少で、軍籍にもはいっていない。それをこともあろうに、まだ故障の多い初期のジェット戦闘機に乗せて戦わせようというのである。

このナチ党案に、「それはよかろう。さっそく腹案を練る」と、ヒトラー・ユーゲントの団長で空軍上級大将のアルフレッド・ケラーは回答した。

空軍では機材、パイロットとも底をつきはじめて、ネコの手も借りたいくらいの状況だから、ケラー将軍としてもつい

賛成せざるをえなくなったのであろう。

ケラー団長をノボトニー戦隊へ

ところが、これを聞いたガーラント中将は、その案の無謀さにあきれ、いい知れぬ怒りを覚えた。彼はゲーリングとのいさかいで戦闘隊総監をおろされる二ヵ月半前だったが、この成りゆきを見捨てておくことはできなかった。

十一月六日、さっそくケラー団長をたずね、この中老の将軍に直接、意見しても無駄だと思い、静かに説得するようにいった。

「団長、ジェット戦闘機の基地へ行って、その戦いぶりをこの目で見てこようじゃありませんか」

「なぜだ、総監」

「例のヒトラー・ユーゲントによる戦闘機隊編成のことなのですが、やはりことを進めるまえに、ジェット戦闘機に関する実情をよく見ておかなくてはいけません」

「それもそうだな」

「明日、私がお連れいたしましょう」

「よし、待っている」

翌七日、ガーラントがケラー団長をともなっていったのは、アッハマー基地の〝コマンド・ノボトニー〟防空戦隊であった。二十四歳のノボトニー少佐は、すでにMe109E、FとFw190A、Dで二五〇機以上を撃墜している超エースで、その腕と人間性をガーラントにみ

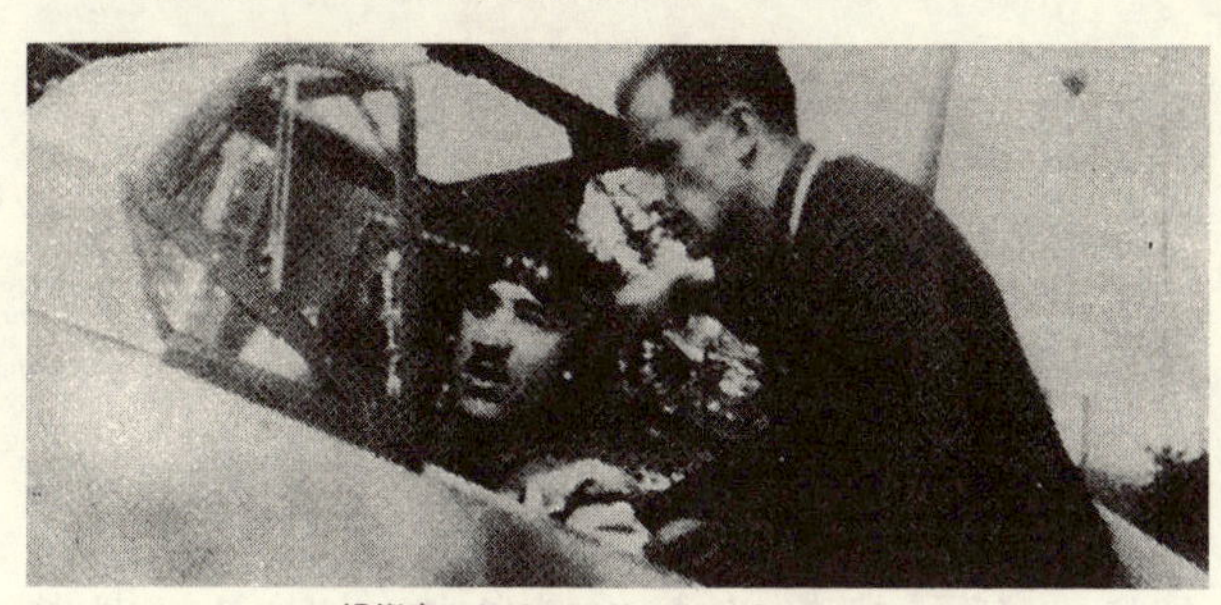

操縦席におけるアドルフ・ガーラント

こまれて、Me262による新戦隊の編成に当たっていた。

彼は〝偉大なオヤジ〟ケラー将軍と〝敬慕する兄貴〟ガーラントを迎えて、いささか上気しながら、

「Me262は現時点で最高速であり、その攻撃力は絶大なものがあります。しかし、ジェット・エンジンはまだ信頼性に欠け、いったんフレーム・アウト（火が消えること）して停止すると再着火できず、不時着するしかありません。また逆火すると、火災を起こしてきわめて危険です。なりたてのパイロットにとってはまことに扱いにくく、ジャジャ馬のようなものでしょう。これから作られるHe162国民戦闘機（フォルクス・イエーガー）がどんなものになるか、私にはまだわかりませんが、信頼性のあるジェット・エンジンにまだほど遠いことだけは確信をもっていえます」

と一気に語った。

ケラー将軍から、

「貴官の身をもってするジェット空戦を拝見したいものだな」

といわれると、笑顔をみせて答えた。

「情報によれば、明朝、アメリカ爆撃隊が大きな被害をこう

むっているMe262のこの基地へ、戦爆連合でなぐり込みをかけてくるはずです。指揮官の立場上、このところ空戦に直接参加していませんが、明朝は私もやります。下で見ていてください」

そばからガーラントがニヤリとして、

「本官も参加させてくれないか」

といたずらっぽくいうと、

「総監、いけません。もしものことがあったら、私がこまります。もっとも元帥（ゲーリングのこと）はどうお考えになっているかわかりませんが……」

ここで二人は、目と目を見合わせて笑った。

ノボトニー少佐、ジェットに死す

翌八日早朝、果たしてアメリカの戦爆連合の大編隊が、アッハマー基地を攻撃してきた。爆撃機はB17とB24、戦闘機はP51とP47、「テンペスト」。すでに基地直衛のFw190D-9が舞い上がって護衛戦闘機と空戦を開始しているが、あいにく雲が多く、地上からはその様子をみることができない。

ノボトニーはMe262に飛び乗り、

「空戦の模様はラジオで逐一、報告します」

と、ケラーとガーラントに告げ、編隊の先頭を切って離陸していった。

激しい空襲を避けて二人が司令所のラジオに聞き入っていると、ノボトニーの戦闘指揮の

ヴァルター・ノボトニー少佐(左)とクルト・タンク技師

声が流れてくる。

間もなく、彼の三〇ミリ砲の発射音が響いた。

「命中、発火した……撃墜!」

「もう一機のB17にも命中、白煙をひいている……」

息はずませて報告してくるノボトニーに、ケラー将軍が手に汗をにぎり、身をのり出して聞くうちに、こんどは、

「エンジン一基故障! 停止した。ただちに着陸する」

との緊急連絡となった。

予想されたエンジン・トラブルが、いま彼の機体に起きたのである。雲上ではさまざまな爆音、ダイブ音、機銃砲音が交錯し、ときおり、彼我の撃墜された機体が雲間を破って基地周辺に落下してくる。

「ノボトニーよ、無事に帰還してくれ」

と祈りながら、ケラー、ガーラント、それに基地隊員が滑走路を見守るうち、雲間から一機が火を吹きながら墜落してきた。「もしや……」とかけつけた隊員たちの目に、絶望の色が浮かんだ。やはりノボトニーのMe262だったのである。

愛用の葉巻を投げ捨ててガーラントは叫んだ。

「信じられん、あの不死身の男が、こんなことになるとは

「……」

「いったいどうしたというのだ。まさか撃墜されたのでは……」

「……いや、閣下、これは現実なのです。強力なジェット機も、エンジン・トラブルにあうとたんに弱くなり、超エースをもってしても不可抗力を避けられなくなるのでしょう」

「うむ、総監のいわんとすることはわかった。すぐにユーゲントの戦闘機隊案を中止させる。ありがとう、ガーラント総監」

ノボトニー少佐は、推力半減して気速の落ちたMe262をだましだまし、飛行場に進入しようとするとき、後からつけてきたP51（フランス義勇軍のピエール・クロステルマン中尉が操縦するホーカー「テンペスト」ともいわれる）に撃墜され、崩れゆくドイツ空軍とともに殉じたのであった。密雲のため、着陸を援護する戦闘機がそれを見つけられなかったのが不幸だった。

はからずも彼が撃墜されるという悲運につながってしまったが、当時のジェット戦闘機を少年たちに操縦させようとはとんでもないということを、身をもって知らせる結果になったわけである。そしてこのことが、彼の罷免の一因ともなった。

フォッケの機体にタンクのTaを

このノボトニー少佐が、Me262に乗り替えるまえ、フォッケウルフFw190D-9を真っ黒に塗って、実戦テストを兼ねながら昼間は戦闘機、夜間は爆撃機の迎撃に活躍し、

「プロペラ戦闘機としては世界のトップをゆくものだ」

とほめちぎっていたが、事実、少数のFw190Dはベテラン・パイロットに操縦されて、大きな戦果をあげていた。

とくにMe262の離着陸に際して、その上空援護を受け持った意義は大きい。そこでこれを改良すれば、さらに性能アップしてジェットのMe262に勝るとも劣らないものになるであろうことは、設計者はもとより空軍当局も確信していた。

設計者のクルト・タンク博士は、フォッケウルフの最近の軍用機、民間機の大部分を手がけてきた関係から、フォッケウルフという会社名はそのままとしても、「機体ナンバーの前につける略称には、Fwでなく自分の名のイニシャル〝Ta〟をつけさせてもらいたい」

と、会社側と航空省当局に強くアピールしていた。

そしてこのDシリーズを改良するにあたって、Taを使ってよいとの許可をとった。このような例はそれまでになく、つまりはタンク博士の業績がいかに重きをなしていたかを知ることができる。

一九四三年に出されたドイツ空軍の高々度戦闘機プランにもとづいて、メッサーシュミットはMe109のゆきづまりから全く新しい設計でのぞもうとしたのに対し、フォッケウルフはFw190Dシリーズの改良型Ta152を提示したので、生産ラインを乱さないとの見地からTa152が採用され、その開発がはじめられたのである。

タンクはまず、Fw190D-9のフラップと脚の操作を電動から油圧に変えた。電気式はたとえドイツといえども、故障がないわけではなかったからである（日本では艦爆「彗星」の電

Ta152H-1

動は故障頻発だった)。またMK108三〇ミリ・モーターカノンをプロペラ軸を通して設けた。

ついで、Ta152A-0およびA-1は、エンジンをユンカース「ユモ」213A液冷V型一二気筒一七七六馬力(海面上、メタノール噴射で二二四〇馬力)とし、総重量は四四〇〇キロ、最大時速は六九〇キロとなった。

しかしこれらは試作だけで、つぎに「ユモ」213E−1（二段三速）一七五〇馬力（GM1ブースターつき）を装備したB型がつくられる。

B−0もB−1も、ブースターなしで高度一万七〇〇〇メートルで七〇七キロ、ブースターを使用すると高度一万三五〇〇メートルで七一三キロの最大時速を発揮した。

武装はMK108三

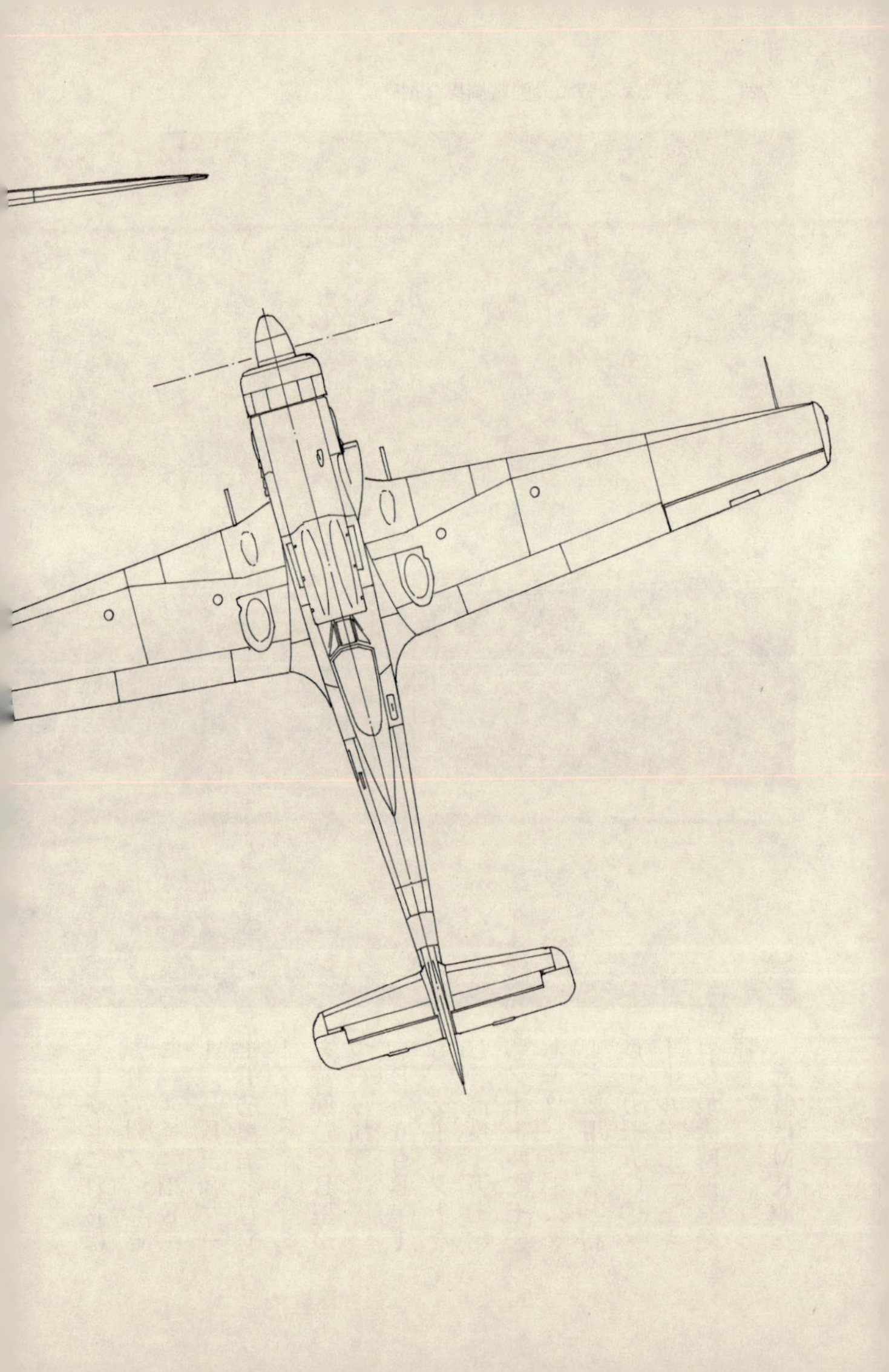

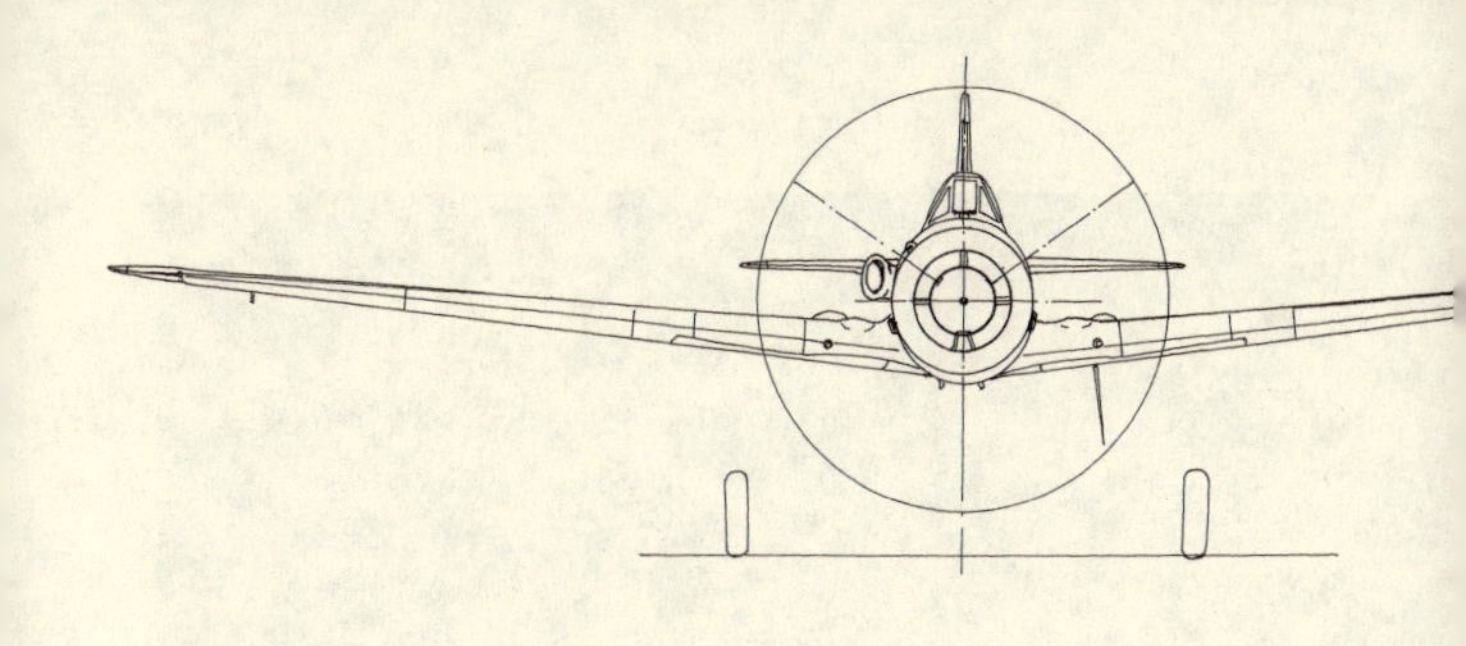

Ta152H－0

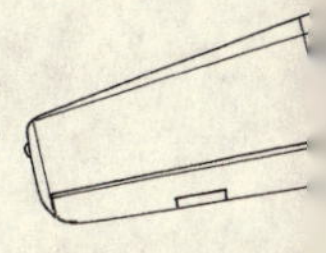

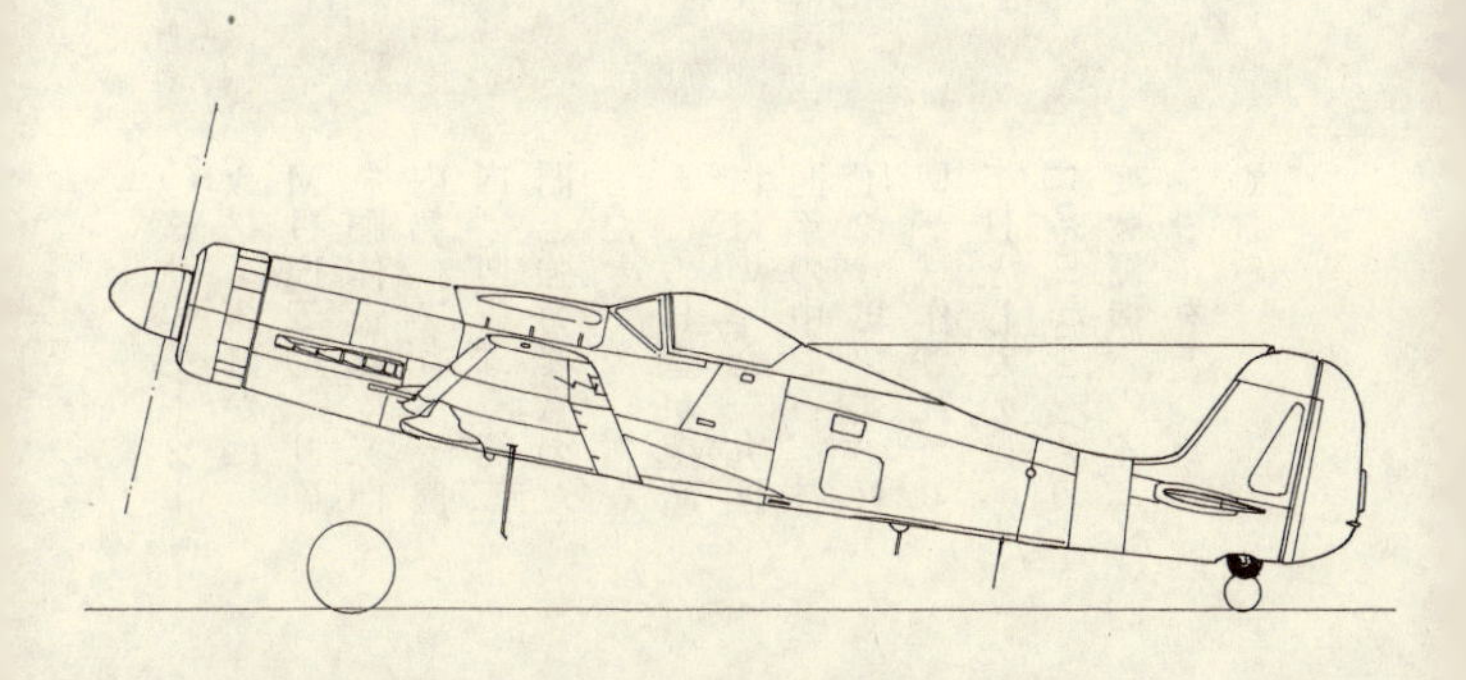

Ta152C-0

〇ミリ・モーターカノンのほかに、MG151二〇ミリ砲を胴体上部に二門、内翼（プロペラ圏内、同調式）に二門と強力なものだった。

このB型が生産にはいった一九四四年の中ごろ、与圧キャビン式のH型が試作された。

Hとしたのは、Hoenjäger（高々度戦闘機）のイニシャルをとったのである。

世界最強の戦闘機Ta152H

Ta152H型は、主翼幅を一四・四四メートルまで延長してばか長くなったのが特徴で、前桁は主脚のところで切り、後桁は翼端までのばし、リブと縦通材をいっぱい使うという変わった構造だった。

エンジンは「ユモ」213E一七五〇馬力(GM1ブースター使用時、離昇で二〇五〇馬力、高度一万メートルで一七四〇馬力)、総重量は四七五〇〜五二二〇キロ、武装はMK108三〇ミリ・モーターカノン一門とMG151二〇ミリ砲二門(胴体上部)である。

飛行性能は抜群で、最大時速は高度九一五〇メートルで七四八キロ、高度一万二三〇〇メートルで七五九キロ、実用上昇限度は一万四八〇〇メートル、上昇率は毎分一〇四五メートル(ブースター使用)、航続距離二〇〇〇キロ(増槽つき)というみごとなものだった。

H-0を数機つくったのち、H-1を一九四四年十一月末からコットブス工場で生産しはじめたが、終戦までに一〇機しか完成しなかった(一説には一五〇機)。

しかし、操縦でもプロ並みのタンク博士が、テスト・パイロット不足の折から自らこのH-1をテストしていたとき、東へ向かい、その快速からうっかりソ連占領地区にはいってしまった。あわてて一八〇度旋回し、西進したところ、上方からP51D「ムスタング」(最大時速七〇〇キロ)二機に攻撃されたので、こんどはアメリカ占領地区に達したことがわかった。そこでタンクがブースターをいっぱいに入れたら、「ムスタング」をみるみる引き離して、無事戻ることができたというエピソードもある。

当時の狭くなったドイツの状況、Ta152Hの優秀さをよく物語っているといえよう。

このH型よりやや遅れて、C型が中高度戦闘機としてつくられた。これは五〇機近く生産され、Ta152シリーズ中もっとも多いものであるが、エンジンをC-0はダイムラーベンツDB603Eの一八〇〇馬力、C-1以降は同じくLa一八二〇馬力を用い、全幅一〇・八二メートル、全長一〇・六三メートルとB型よりやや大きい。C-3ではMW50ブースターをつけて離昇出力二三〇〇馬力となり、高度一万三二〇〇メートルで実に七四一キロの最大時速を記録している。

二個中隊に配備され、B17、B24を撃墜しているが、間もなく敗戦となったので実戦には短期間の参加にとどまった。むしろその活躍は、五〇〇キロ爆弾一発を懸吊しての地上攻撃だったといわれる。

C型の武装をMG151二〇ミリ砲二門に減らし、コクピットの後方に写真機を垂直にとりつけた写真偵察機Ta152EおよびFもある。

エンジンはE-0が「ユモ」213F-1一〇六〇馬力、E-1が「ユモ」213F-2、F-0が「ユモ」213E一七五〇馬力で一九四五年三月から生産に入り、年内に六五〇機つくる予定だったが、わずか数機完成しただけで実戦には参加していない。E型の最大時速は、高度一万七〇〇メートルで六八九キロである。

Me262とともに、非常な期待を寄せられたTa152シリーズも、戦況の悪化と工場破壊で生産は流れず、各型合計六七機にとどまった（一説には約二五〇機）。それでもその性能は、当時のいかなる戦闘機よりも優秀であり、まさに第二次大戦における〝世界最強の戦闘機〟と呼ぶにふさわしい。

データが示す無類の高性能

次ページに、一九四四年から四五年（終戦時）にかけて、たとえ量産に移されず機数は少なくとも、とにかく実戦に参加した各国の実用戦闘機を表出し、Ta152と比べてみよう（プロペラ式を対象にジェット式は参考）。

全幅 m	全長 m	翼面積 m²	総重量 kg	最大速度 km／h (高度m)	上昇時間 m／分秒	機関銃・砲 口径mm×数	就役年
14.44	10.71	23.30	5220	759(12300)	1045／1′00″	30×1、20×2	1945
10.06	8.9	16.20	3700	724(6000)	5500／3′00″	30×1、13×2	1945
12.65	10.6	21.70	6210	866(9000)	6000／6′50″	30×4	1944
9.32	5.9	17.80	4275	953(9000)	9000／2′40″	30×2	1944
11.23	9.95	22.48	3856	709(7200)	6000／7′00″	20×4	1944
13.10	12.59	37.74	6210	656(9000)	—	20×4	1944
11.30	9.85	21.60	4580	704(7625)	9150／13′00″	12.7×6	1944
12.40	11.00	27.90	7500	750(9150)	7000／9′00″	12.7×8	1945
10.00	8.56	17.20	3100	578(4000)	—	20×1、12.7×1	1943
10.60	9.20	—	3700	652(3500)	5000／4′20″	20×4	1945
12.00	8.82	20.00	3495	580(5000)	5000／6′00″	20×2、13×2	1945
11.97	9.35	23.50	4100	595(5000)	6000／7′25″	20×4	1945

これによると、運動性は別として、戦闘機の能力を示す最大のバロメーターであるスピードでは、Ｔａ152Ｈ－1が断然トップに立つ。

第二次大戦の最優秀戦闘機と世界が認めるノースアメリカンＰ51Ｄ「ムスタング」でさえ、高度七四七〇メートルで七〇四キロであるし（資料によって多少の違いがある）、リパブリックＰ47Ｍ「サンダーボルト」が高度九一五〇メートルで七五〇キロである。

また、メッサーシュミットＭｅ109Ｋ－4は高度六〇〇〇メートルで七二四キロ、スーパーマリン「スピット

1944〜45年に就役した各国実用戦闘機

	機　　名	乗員	エンジン 馬力あるいは推力×数
ドイツ	フォッケウルフTa152H−1	1	ユンカース・ユモ213E 2050×1
	メッサーシュミットMe109K−4	1	ダイムラー・ベンツDB605 2000×1
	メッサーシュミットMe262A−1 (ジェット)	1	ユンカース・ユモ004B 890kg×2
	メッサーシュミットMe163B−1 (ロケット)	1	ワルターHWK509A 2000kg×1
イギリス	スーパーマリン 「スピットファイア」Mk14	1	ロールスロイス・グリフォン65 2000×1
	グロスター「ミーティア」Mk1 (ジェット)	1	ロールスロイス・ウェランド 765kg×2
アメリカ	ノースアメリカンP51D 「ムスタング」	1	パッカードV−1650−7 1720×1
	リパブリックP47M 「サンダーボルト」	1	P&W R−2800−57 2800×1
ソ連	ヤコブレフYak9D	1	クリモフM105PF 1210×1
	ラボーチキンLa9	1	シュベツォフAsh82 1870×1
日本	川崎キ100(五式戦)	1	ハ112Ⅱ 1500×1
	川西N1K2−J「紫電改」	1	誉21　1825×1

ファイア」Mk14は高度七二〇〇〇メートルで七〇九キロ、ホーカー「テンペスト」Mk5にいたっては高度五一八〇メートルで七〇〇キロを割っている。

上昇力は空戦時の重要なポイントであるが、P51Dは高度六一〇〇メートルまで六分三〇秒、「スピットファイア」Mk14が高度六一〇〇メートルまで七分、Me109K−4が五五〇〇メートルまで三分で、Ta152H−1の上昇率毎分一〇四五メートルはよいとはいえない。しかし高度を増すごとに率がよくなるから、高空では互角となる。

P51Dムスタング。増加タンク付きで3700キロを飛んだ

旋回半径は、翼面荷重のもっとも低い「スピットファイア」Mk14が約一六〇キロ／平方メートルで最小なのは当然であるが、P51D（約二〇〇キロ／平方メートル）、Me109K-4（約二一〇キロ／平方メートル）に対して約二三〇キロ／平方メートルと最大のTa152H-1でもほとんど同等であった。しかし「スピットファイア」Mk14に次ぐのは、やはりP51Dである。P47Mは旋回性が悪く問題外となる。

運動性は旋回性と密接な関係にあるものの、「スピットファイア」が必ずしもまさっていたわけではない。Fw190およびTa152の加速性とロール率はP51にもまさり、Me109の中でももっとも調和のとれていたF型もしのいでいた。

「スピットファイア」の運動性はMk9がFw190A-4やA-8とごく接近し、Mk14でそれらを抜いたが、Fw190D-9とTa152C-1、H-1の出現でまた劣ってしまったといわれる。しかし運動性は総合的にいって、Fw190D-9とTa152はP51B、Dとほぼ互角であった。

そこで大戦中盤から、しだいに高々度空戦（七〇〇〇～八〇〇〇メートル以上）が行なわれるようになり、高々度性能が重んじられたことを考えると、他のどの機体よりもFw190D～Ta152は優秀である。

その秘密は、MW50（水メタノール噴射）やGM1（硝酸噴射）などのブースター使用と、二段三速過給器の高性能にあったといえよう。

したがって上昇限度も、「スピットファイア」Mk14の一万三五〇〇メートルを、Ta152H－1はさらにしのいで一万四八〇〇メートルとし、高々度戦略爆撃編隊の上方に位置して強火力の攻撃をかけるのが容易だった。

スピットファイアMk14。〝足の短さ〟が悩みのタネだった

Ta152にとってマイナスだったのは、航続距離と量産の点である。

Ta152H－1は増加タンクなしなら一二〇〇キロ、増加タンクつきなら二〇〇〇キロ飛べたが、P51Dは増加タンクつきで三七〇〇キロも飛んだ。太平洋戦争で硫黄島から出撃し、サイパンからのB29超重爆を援護して東京に来襲、空戦したのち、また硫黄島に帰還するという芸当を見せている。

「スピットファイア」Mk14の航続距離七六〇キロ、増加タンクつき一三六〇キロでは英仏海峡往復もよう

やくのことで、英独双方とも〝足の短さ〟は悩みのタネだった。

そこでこの長距離進攻性を兼ね、最終的に一万五三六七機も量産されてアメリカのため大いに貢献したP51を、〝調和のとれた機体〟として第二次大戦の最高傑作戦闘機に祭りあげるのも当然のことかもしれない。

八〇〇機で独空軍最後のなぐり込み

ノルマンディー上陸後、約半年の間に、連合軍はパリを占領（八月二十九日）、十二月には独仏の国境を越えてドイツ領に進入した。またオランダに史上最大の空挺作戦〝マーケットガーデン〟作戦を展開し、十二月にはドイツ北部国境に達した。

ところが、ここで連合軍が再装備したり燃料補給をして一息いれているとき、連合軍内部においてモントゴメリー将軍（イギリス）とブラッドレー将軍（アメリカ）との間で、戦略上の意見を対立させてしまった。

このスキをねらって、ドイツ軍は師団をかきあつめてライン川前面に強力な抵抗部隊を組織するとともに、十二月十六日朝からアルデンヌの森林地帯にSS第6機甲軍、第5機甲軍などの機甲七個師団と歩兵一三個師団を投入して一挙に突破し、一大攻勢に移ったのである。

さらにドイツ軍の特攻隊員は、アメリカ軍の軍服を着て変装するとともに、巧みなアメリカなまりの言葉を使い、ぶんどったジープに乗って連合軍内に潜入し、通信線を切断したり、道しるべの方向を逆にしたり、めちゃくちゃな地雷原告知板を立てたりして、連合軍を大混乱におとしいれた。

しかしこの反撃も、一時的なものにしか過ぎなかった。クリスマスまでにパットン将軍のひきいるアメリカ第3軍は、SS第6機甲軍に大打撃を与え、翌一九四五年一月一日までにルントシュテット元帥(一時解任されていたが、この時期に西方軍総司令官に復職)指揮下のドイツ軍を全面的退却に追いこんだ。

この一月一日は、連合軍にとってもドイツ軍にとっても、ニューイヤーのお祝いどころではなかった。お互い、爆弾と銃砲弾のごちそうの食わせっこをしたのである。

まずアメリカ第8空軍(司令＝ジミー・ドゥリトル中将)のB17一〇九機が、ドルベルゲンの精油所を爆撃、ドイツの石油事情にさらに深刻さを加えた。

連合軍によるマーケットガーデン作戦

一方、ドイツ空軍もヒトラー直接指揮のもとに、ブリュッセル(ベルギー)からアイントホーヘン(オランダ)にかけての連合軍飛行場を急襲して航空支援戦力を弱め、地上軍がオランダ、ベルギー、フランスに進撃するのを援助しようとする〝ボーデンプラッテ作戦〟を同日朝に行なった。

これはもう大バクチというより、やぶれかぶれの作戦であったが、とにかくシュペルレ元帥はJG1、JG2、JG3、JG4、JG6、JG11、JG26、JG27、JG54、JG77、SG4のFw190Aを主体にFw190D、Me109F、Gの戦闘機ばかり合計約八〇〇機を集めて、各基地から二三の目標に向けて発進させた。

しかしパイロットの質の低下から、無線を封鎖したまま目的地まで濃霧をついていけない者が多く、Ju88爆撃機が誘導するという有様だった。

それでもブリュッセルでは約一〇〇機を災上させ、アイントホーヘンでも数十機を撃破するなど約三〇〇機近い損害を与えている。ドイツ側の損失は約二〇〇機で、この作戦を最後としてふたたびたちあがることはできなかった。ただJG26の第I戦隊とJG54の第III戦隊から参加したFw190D－9約五〇機は、ベテラン・パイロットに操縦されて大活躍したといわれる。

独最強の戦闘機隊を新編成

ゲーリングやヒムラー（ゲシュタポ長官、強制収容所長）ににらまれ、すでに戦闘隊総監を罷免されたアドルフ・ガーラントだったが、やはりドイツ空軍戦闘機隊の人望ある大ボスであった。彼のドイツを思いパイロットを思う真情は、その正鵠を得た作戦用兵理念とともに、全戦闘機パイロットの支持を得、敬慕されていたのである。

これをみてとったヒトラーは、ガーラントを利用して戦闘機隊の再編成と強化を思いたったが、ゲーリングの立場も考えて、戦闘隊総監には復帰させないが、ガーラントの熱望しているMe262によるジェット戦闘機隊の編成と指揮を命じることとした。

そこでヒトラーは、かたくなにMe262の戦闘機型をこばみ、爆撃化を固執していたのを改め、戦闘機型もかまわないとの許可を出すのであるが、ゲーリングもこのころには、ガーラントのMe262を戦闘機と爆撃機の両方に使う案に賛成していたという。

ノボトニー少佐の死後、〝ノボトニー・コマンド〟は新しいJG7の本部と第III戦隊となり、またJG3の第II戦隊をJG7の第I戦隊に、JG54のIV戦隊を第II戦隊にすえて編成され、一九四五年一月から本格的活躍をはじめるが、それと同時にガーラントも、Me262の一戦闘隊長として一九四五年一月末から、第44戦闘隊（JV44）をブランデンブルクのブリエストで編成することになった。

しかし前戦闘隊総監であり、新任がヒトラーの直命、さらには現戦闘隊総監のゴードン・M・ゴロップ大佐（ガーランドは一九一二年三月、ゴロップは同年六月生まれ、一五〇機撃墜）とは打てば響く間柄だし、ガーラントはJV44に関して好きな人事ができた。

ヴァルター・クルピンスキー

そこで隊員にも、全戦闘機隊から超エース、ベテラン・パイロット、戦隊長を集めることをあえてした。ちょうど日本海軍が終戦近く、松山基地に第三四三航空隊を編成するにあたって、司令の源田実大佐は各航空隊のベテラン・パイロットを呼び集め、当時の日本最強の戦闘機隊をつくったのと同じケースである。

ガーラントが選抜し転属命令なしに駆けつけたエース・パイロットは、それこそ驚くべきメンバーだった（数字は最終撃墜数）。

ゲルハルト・バルクホルン少佐　三〇一機
ハインリッヒ・ベール中佐　二二〇機
ヴァルター・クルピンスキー少佐　一九七機
ヨハネス・シュタインホフ大佐　一七六機
ギュンター・リュッツォー大佐　一〇八機（イタリアから駆けつける）

そのほか、騎士鉄十字章をつけた数十機撃墜者、それも戦闘飛行団長、戦隊長クラスがずらりと顔をそろえている。

ハルトマン、Me262での戦闘を拒否

もちろんトップ・エースのエーリッヒ・ハルトマン大尉も、三月初めに戦闘飛行を中止してMe262への転換訓練に参加するよう命令され、南アウグスブルク・レヒフェルトのMe262訓練基地で、副隊長格のベール中佐のもとに指導を受けていた。

三月末近く、編成がためを終えてこの基地に戻ってきたガーラントは、ハルトマンに向かってうれしそうにいった。

「エーリッヒ、わしはフリーのジェット戦闘隊長になったよ」

「実戦隊長のほうが、閣下向きですね。私も目下ジェット訓練を受けておりますが……」

「ベール中佐はじめ、シュタインホフ大佐、リュッツォー大佐、バルクホルン少佐、クルピンスキー少佐など、このJV44で働くことを熱望してくれたんだが、きみも決心してくれるだろうね」

こういわれるとは思ってはいたが、実はハルトマンとしてはこれが悩みのタネだった。

「お言葉を返すようですが、私はJG52の一戦隊長として働きたいのです。なぜなら閣下の戦闘機隊にはいれば、私より上級将校のもとで僚機にされてしまうでしょうから……。撃墜数には関係なく……」

たしかにハルトマンは当時、二十二歳とはいえ三三六機を撃墜していて(一説には三四六機)、だれも追従できない記録の持ち主となっていたから、これだけのわがままをガーラントに対しても言うことができたし、彼の意地もあった。

ヨハネス・シュタインホフ

ここでガーラントに用件ができたため、この会話は途切れたままになったが、翌日、チェコで戦っているJG52の戦闘飛行団長ヘルマン・グラーフ大佐から、

「わが飛行団はかなりの苦戦を強いられている。至急、ハルトマン大尉をJG52第I戦隊に戻すよう配慮されたい」

という緊急連絡がレヒフェルト基地に届いた。

ちょうど戦闘隊総監のゴロップ大佐がMe262の訓練状況を視察にきたので、ハルトマンはこれ幸いとゴロップに申し出た。

「大佐、私はMe262で戦うより、JG52のMe109で部下とともに戦うほうが、よりよく任務を遂行することができると思います。グラーフ大佐も私に戻るようにいわれていますし……」

「栄光あるジェット・パイロットを放棄するのかね」

「はい、ジェット・エンジンはまだ信頼性に欠け、よいときにはまことに強力ですが、調子の悪いときはきわめて非力です。私は乗りなれたMe109で心ゆくまで戦いたいのです」

「よし、わかった。JG52に戻れるようとりはからってあげよう」

こうしてハルトマンは、東部戦線に戻ったのであるが、それから二ヵ月もたたぬうちに敗戦となって、彼はチェコでアメリカ軍の捕虜となり、ついでソ連に回されて一〇年余りの収容所生活を送らなければならなくなった。

彼の回想によると、Me262基地に残っていればこんな苦労はしなくてすんだかもしれない、といっている。

ガーラント、Me262で奮戦

アメリカ空軍のドイツ国内に対する戦略爆撃は、二月三日、一〇〇〇機からなるB17のベルリン空襲にはじまって、ほとんど連日のように行なわれ、大損害を与えた。

たとえば二月二十六日のベルリン空襲には、一一〇二機が参加して約二八八〇トンの爆弾を投下、三月十一日のエッセン空襲には、一〇七九機が四七四〇トンの爆弾を投下している。

そして四月十日、一二三二機のB17、B24がベルリン地区を完全に破壊して終わりを告げたが、これに対する迎撃の新鋭Me262ジェット戦闘機、Me163ロケット戦闘機、そしてFw

190D戦闘機、Me109G-10戦闘機は、いかんせん数がまったく足らなかった。それにガソリンもほとんどなくなっていた。

ガーラントの第44戦闘隊は、三月三十一日にようやく編成と練成を終わり、ミュンヘンからアルプス北方にかけての南ドイツで、約三〇機をもってジェット空戦を展開する（燃料はケロシンなのでまだ間に合った）。

このころ戦闘機型のMe262は、「ユモ」004Bジェット・エンジン付きA-1aが三〇ミリ砲四門をつけて登場、そのほかA-1a/u1、A-1a/u2（全天候型）、A-1a/u（写真偵察型）、A-1b（R4Mロケット弾二四発を翼下に装備）など製作されたが、ロケット弾によるB17攻撃は少数ながら大きな戦果をあげている。

三〇ミリ砲弾の集中やロケット弾をまともに食らうと、B17もB24も主翼をふっ飛ばされたり、胴体を真っ二つに折られて屑鉄のように落ちていった。

なお生産を混乱させた爆撃機型は、五〇〇キロ爆弾を二発、あるいは一〇〇〇キロ爆弾を一発胴体下へ抱くA-2a、三〇ミリ砲を二門だけとしたA-2/u1、地上攻撃用のA-3aなどである。戦爆合わせて一四四三機生産された。

Me262によってもっとも活躍したのはベール中佐で、「モスキート」、B17、B24などを終戦までに一六機撃墜して、トップ・ジェット・エースとなった。ガーラント中将は七機を撃墜、シュタインホフ大佐は六機仕止めているが、両者とも四月半ば過ぎ、離着陸事故で負傷して戦列から離れ、リュッツォー大佐は四月二十四日、行方不明となってしまった。

ベルリンへ向かう連合軍の進撃は速度を増し、三月七日にケルン陥落、同二十九日にフラ

ンクフルト陥落、そして四月二十日にはナチ党ゆかりの地ニュールンベルクも占領され、同三十日、ついにヒトラーは愛人エバ・ブラウンとともに服毒自殺した。

かくして廃墟のベルリンは五月二日に陥落し、同時にドイツ軍が各地で降伏したので、ガーラントはアメリカ軍のザルツブルク基地到達直前に、残るMe262、Fw190、Me109の全機を並べさせ、ガソリンをかけて焼きはらってしまった。

JG7、JV44のMe262による戦果は、撃墜四〇〇機とも五〇〇機ともいわれるが、もしヒトラーのいい張った爆撃機型で時日を浪費せず、出現のタイミ

ングさえ狂わなければ、その戦果はさらに拡大していたであろう。しかし同時に、信頼性のまだ薄かったジェット・エンジンのトラブルによる損失もまた多かったと思われる。

ガーラントはアメリカ軍に降伏後、戦犯としてイギリスへ送られ（英軍の両足義足のエース、ダグラス・バーダーと再会する）、五年間収容所生活したのち釈放された。

その後間もなく、アルゼンチン空軍の顧問に迎えられたが、かつてのドイツ空軍戦闘隊総監の知能を駆使する場ではなかったようである。西ドイツに帰ったのち空軍とも関係せず、著作『始まりと終わり』（"Die Er-

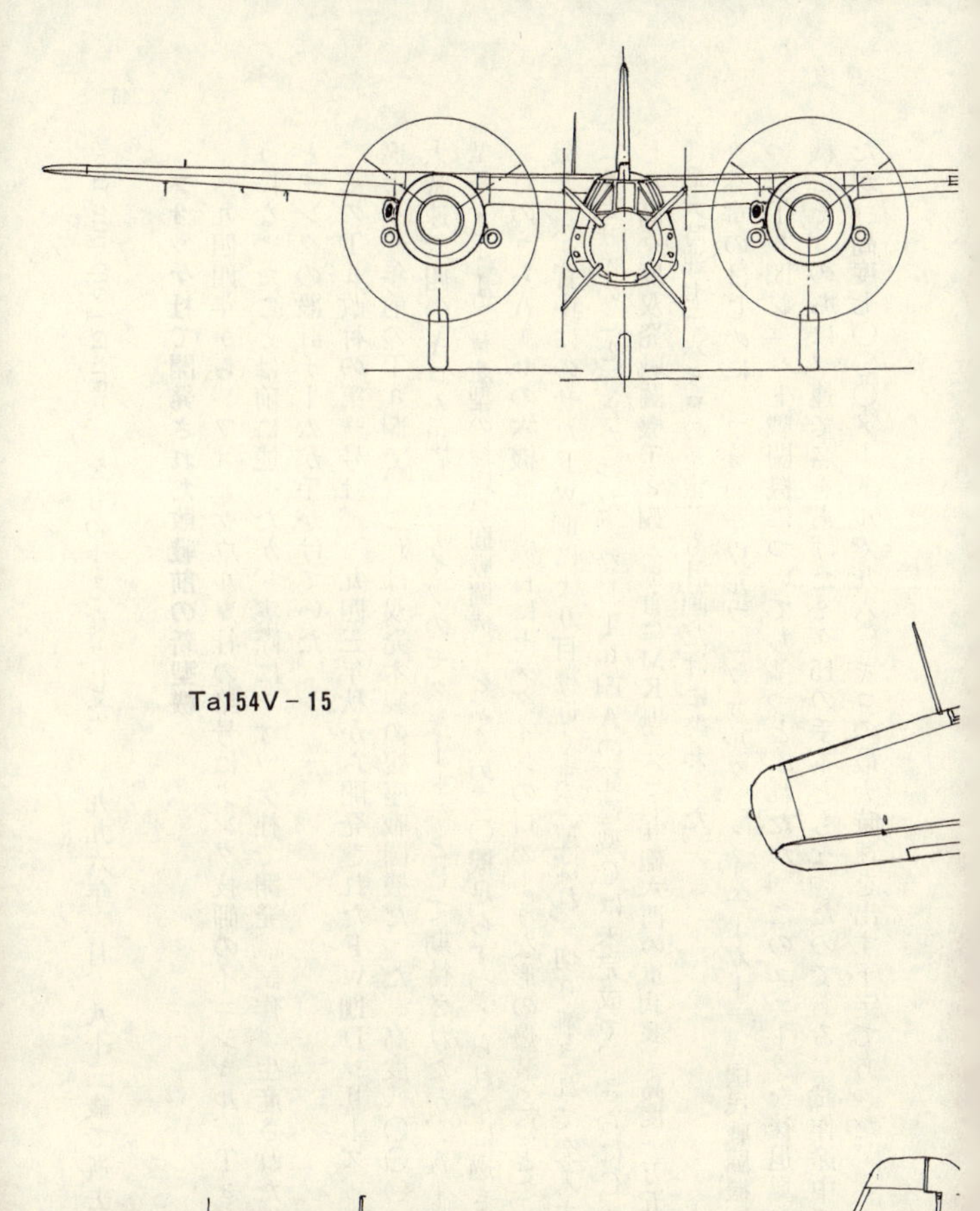
Ta154V－15

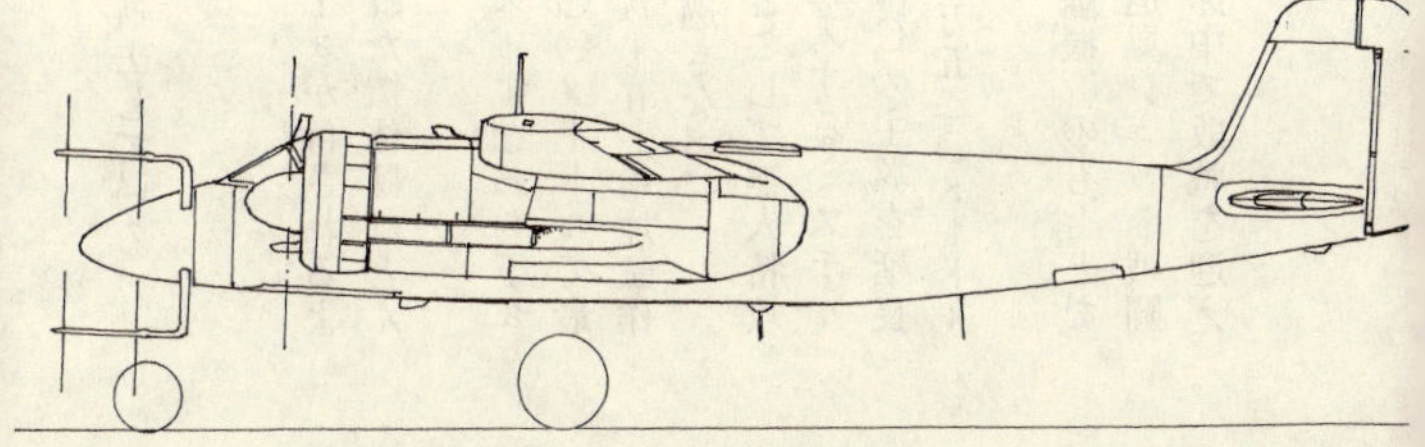

sten und die Letzten”）をものするなどした。一九九六年二月、八十三歳で逝去している。

フォッケ社で開発された敗戦前の新型機

一九四四年から、フォッケウルフ社の略号にタンク技師のイニシャル、Taが付されるようになったことは前に述べたが、実際にフォッケ社で開発、試作、生産された機体はほとんどタンクの設計チームが手がけていた。

そのTa改称の第一号は、一九四三年秋から開発されたFw190Dシリーズ、すなわちTa152より一年前のTa154で、これは双発木製の複座戦闘機だった。高度八〇〇〇メートルで最大時速六四〇キロを出し〝ドイツのモスキート〟として期待されたが、A-0（増加試作型）、A-1（量産型の複座昼間戦闘機）をふくめ二〇機足らずつくられたに過ぎない。

このうちA-0の六機は、機首にセメダインの口のような形の爆装をほどこして無人特攻機とし、背中にのせたFw190により目標近くまで運ばれ、切り離されて突入するミステル（やどり木のこと）となった。なおTa154Aの発達型Cは未完成で、さらにCの主翼を延長した高々度双発戦闘機Ta254（機首にMK108三〇ミリ砲六門の重武装、高度一万五二〇〇メートルで最大時速七三六キロの予定）も計画だけに終わった。

本章のはじめに、フォッケウルフ「フォルクス・イエーガー」（国民戦闘機）のもととなったTa183ジェット戦闘機についてちょっとふれたが、このユニークな後退翼ジェット戦闘機こそ、のちにソ連で名をあげたミグ15の手本ともなったのである。試作途中で敗戦を迎えたが、高度七〇〇〇メートルで九六〇キロの最大時速を出す予定であった。

これと併行して、鋭い後退翼の機体に鋭い後退角をつけた水平尾翼をつけ、その両端にラムジェット二基を備えたFw（あるいはTa）283も試作されていた。海面上での最大時速一一〇〇キロとは、さすがラムジェットならではで、もし敗戦までに完成していれば、その出現は世界を驚かせたにちがいない。

戦略爆撃をなおざりにしたドイツが、遅ればせながら各社に命じて作らせたのがユンカースJu488（四発）、メッサーシュミットMe264（四発）、ハインケルHe274（四発）、ブローム・ウント・フォスBV250（六発）、フォッケウルフT400（六発）であるが、敗戦までに原型が完成したのはMe264とJu488のみで、あとはすべて未完成のまま終わった。

このうちタンク・チーム設計のTa400は、フォッケウルフ社が戦闘機で手いっぱいだったため、フランスのSNCAO社で開発が行なわれ、全幅四二メートル、航続距離五〇〇〇キロ、武装二〇ミリ砲一六門、爆弾一〇トンという意欲的なものだった。

なおフォッケウルフ社のヘリコプター部門であるフォッケ・アハゲリス社では、初期のFw61を改良、大型実用化したツイン・ローターのFa223「ドラッヘ」（龍）を一九四〇年に完成、終戦までに二〇機を生産（飛行したのは一〇機）した。

またDFS230A輸送グライダーに、三翅ローターを真上にとりつけ自由回転式として、狭い土地に急速接地できるようにした輸送ヘリ・グライダーFa225を試作、さらにツイン・ローターで総重量一五トンの、当時としては驚異的な大型輸送ヘリコプターFa284も試作段階にまでこぎつけていた。

おもしろいのは、海軍の潜水艦用観測軽便ヘリコプターFa330「バッハシュテルツェ」

（せきれい）である。

初級グライダーのような簡単な胴体に、直径七・三メートルの自由回転式ローター（三翅）をとりつけ、潜航中は艦内に折りたたんで格納、浮上すると司令塔の後ろに結びつけられた約三〇〇メートルの曳航索で引っ張られ、毎時四〇キロのスピードをもって高度約一〇〇メートルまで浮き上がり、乗員が電話により艦内へ観測結果をしらせるというローターつき凧であった。テストの結果はとてもよく、量産に移そうとしたが間もなく敗戦となった。

もう一つ、胴体内のエンジンから延長軸で主翼左右後縁の推進式大直径プロペラを回し、軸ごと下方へ向ければヘリコプターのように垂直上昇あるいは下降、水平にすれば水平高速飛行できるというＶＴＯＬ（ティルト・ローター）戦闘機Ｆａ269を開発していた。空襲で焼失し完成しなかったが、戦後アメリカのベル社がこれをもとに再開発し、ついに現在のＶ－22「オスプレイ」として実用化させている。

なお、ハインリッヒ・フォッケは一九七九年二月二十五日、八十八歳でこの世を去った。

戦後、ジェット機を完成させたタンク

敗戦とともに、連合国の注目をあつめていたドイツ航空技術は、はからずも自由陣営のイギリス、アメリカ、フランス側と、共産陣営のソ連側との間で奪い合う醜態をさらけ出した。技術者のある者は自発的に、またある者は強制的に、それぞれ占領地区の東と西へ連れ去られていった。

こうして航空技術の輝かしい将来を秘めた宝石箱（レポート）は、米英ソへまんべんなくばらまかれたのであるが、クルト・タンク技師らの後退翼アイデアは、のちのジェット機発達に大きな影響を与えた。

後退翼そのものは、一九三五年にドイツのブーゼマンが「将来の高速機には有効」として発表したものだが、あまりに先端的で机の中に眠っていたのを、一九四四年に航空省から出されたジェット迎撃機設計要求に応じてフォッケウルフTa183、メッサーシュミットP1101、ハインケルP1078（Pはproject＝計画＝のイニシャル）がいずれも採用した、音速級飛行機に効果ある後退角つき主翼である。

アルゼンチンで開発されたジェット戦闘機 LAe33プルキー

アメリカもソ連も、この後退翼レポートにすっかり目を見張り、互いに後退翼ジェット機の開発を始めたが、それがノースアメリカンXP86（のちのF86）であり、ミグ15であった。

両者は一九五〇年六月からの朝鮮戦争に出陣し、鴨緑江上でよきライバル争いをすることになったが、ドイツの航空技術の化身が自由陣営と共産陣営を相戦わせたということで、はなはだ興味がある。

一九四八年、タンクはペロン政権下のアルゼンチンへ渡った。フォッケウルフ社が解散し、ドイツ国内では、まったく飛行機設計の腕をふるうことができなかったところへ、アルゼンチンよりジェット戦闘機開発のさそいがかかったからである。

アルゼンチンは大戦中、ドイツの謀略拠点となって親ドイツに引き込まれていたため、戦後も軍人、技術者を多数受け入れていた。

タンクは彼一人では何もできないので、技術者六〇人とその家族をコルドバに移住させ、Ta183を下敷に国立航空研究所で本格的ジェット戦闘機の開発にとりかかった。そして一九五〇年六月二十七日、後退翼のLAe33「プルキー」(矢)II(エンジンはイギリス製「ニーン」)を初飛行させた。八月には最高時速一〇〇〇キロを突破している。

しかし、アルゼンチンの不安な国情と貧しい工業力は、やはり「プルキー」IIを育成発展させることができず、それにつづくいろいろの計画もみな倒れて、彼は失望落胆した。

ただイギリスから釈放され、アルゼンチン空軍の顧問に迎えられてやってきたアドルフ・ガーラントに再会できたので、寂しさをやわらげることができた。

「アドルフ、われわれドイツ技術者がいくらがんばっても、からまわりに終わってしまうね。航空工業そのものはだいぶ発展してきたが……」

「アルゼンチン空軍は、私のアドバイスを積極的に聞いてくれるんだがね。クルト、ここはそれをすぐ推進させることのできない国情なのだよ」

「ウィリー(メッサーシュミット)だって、『サエタ』(スペインにメッサーシュミットが招かれて開発したイスパノHA200練習機で、直線翼のさえないジェット機)くらいしか作れなかったのだし、やむをえないのかな」

「彼はクルト君よりもっと孤独だろうよ」

「そこへいくと、敗れたりとはいえ情熱を燃やして思う存分やれたあの当時がなつかしいな」
「そのとおりだが、いまここにそれを求めるわけにいかないし、つくづく時の流れを感じるのみだ」

インドで開発された亜音速ジェット戦闘機 HF24マート

　こうしてタンクは、一九五八年八月になって、折から招聘を受けたインドへ、希望する一八人のドイツ技術者とともに向かうことにし、ガーラントは西ドイツへ帰っていった。
　うわさに聞いたとおり、インドの国情および航空工業はかなりまずしく、六十歳となったタンクにきびしかったが、ネール首相やインド国防省の情熱に動かされて、ようやく超音速戦闘機ヒンドスタンHF24「マート」を開発、一九六一年六月十七日に初飛行させることに成功した。
　しかし、かんじんのジェット・エンジンに、イギリスのアフターバーナー(再燃焼装置)付き「オルフュース」を導入することができなくなり、やむをえずアフターバーナーなしで亜音速(音速以下、つまり時速一〇〇〇キロ前後)の対地攻撃機に切り換えることとなった。
　一九六五年には、タンクの設計技術チームはみな帰国し、彼自身も量産機の流れ出すのを見届けて引き揚げていった。祖国西ドイツの復興は目覚ましく、航空工業もロッキードF104Gのライセンス生産たけなわで、またかつて世界をリードした航空技術の復活がはじまっていた。

フォッケウルフ社の人々も、フォッカーVFW社に吸収されていた。タンクはMBB（メッサーシュミット・ベルコー・ブローム）社に籍を置き、後進の指導にあたっていた。

戦前、ドイツで日本航空技術者を指導し、戦後には訪日して、日本とも関係浅からぬクルト・タンク博士だったが、一九八三年六月五日、八十五歳で死去した。

ここにドラマティックなフォッケウルフの歴史は、静かに幕をおろしたのである。

あとがき

このFw190物語を通じ、あの精強をうたわれたドイツ空軍が、なぜみじめな結末を迎えなければならなかったのかを納得していただけたと思う。その根源はやはり、ヒトラーとナチ党の独裁恐怖政治と、戦略爆撃機を持たずに近視眼的な甘い見通しで戦争をごり押ししたことであった。とくに空軍大臣ゲーリングの、ヒトラーへのお追従による無策さにあきれるほかはない。

しかし、ドイツ戦闘機隊は最後までよく戦い、連合軍パイロットを顔色なからしめたばかりか、そのすぐれた機体と用兵は、全世界から高く評価された。その一つであるフォッケウルフFw190を、いまさらのごとく見直して設計者タンク博士の奇才ぶりに感心したり、若き戦闘隊総監ガーラント将軍のヒューマニズムに満ちた英知と勇気に共感を覚え、さらにプリラーやノボトニーらエースの純粋な敢闘精神に感嘆した人は少なくないであろう。

ドイツ戦闘機隊は、五機以上（三五二機まで）のエース約二五〇〇人と、五機以下の者約二二〇〇人、合計四七〇〇人で約七万機（西側二万五〇〇〇機、東側四万五〇〇〇機）の連合軍機を撃墜するというたいへんな戦果をあげたが、自らもまた五万五〇〇〇機を撃墜破され、戦闘機パイロットを約一万五〇〇〇人近く失って、ナチのはかない野望の犠牲となった。そこに華々しさの陰の悲劇的ドラマが構成される。だからＦｗ190もまさにその一員であるはずなのだが、それを感じさせないのは設計した者、運用した者、乗って戦った者たちに共通したヒューマニティ、純朴さ、達観が集約されているからである。そう思って見れば、Ｆｗ190の機首のなんと屈託のない顔であることか。

二〇〇六年二月　　鈴木五郎

【参考文献】Adolf Galland "Die Ersten und die Letzten"＊William Green "Focke-Wulf Fw190"＊William Green "Famous Fighters of the Second World War"＊Monthly "Airpower" Vol. 4 No. 2, Vol. 4 No. 6, Vol. 5 No. 4 ＊レナード・モズレー著　伊藤哲訳「第三帝国の演出者」（ヘルマン・ゲーリング伝）早川書房＊Ｒ・トリバー／Ｔ・コンステーブル著　志摩隆訳「メッサーシュミットの星」日本リーダーズ・ダイジェスト社＊坂田精一著「ドイツ航空人伝」十一組出版社＊佐貫亦男著「空のライバル物語」航空情報社＊ＡＪ臨時増刊「ＷＷⅡドイツ戦闘機隊」航空ジャーナル社＊ＡＪ臨時増刊「ドイツ空軍戦闘機隊」航空ジャーナル社＊航空情報臨時増刊「第２次大戦・ドイツ軍用機の全貌」酣燈社＊航空情報臨時増刊「第２次大戦・イギリス軍用機の全貌」酣燈社＊航空ファン臨時増刊「フォッケウルフＦｗ190写真集」文林堂＊月刊「航空ファン」（昭和三十七年二月号）文林堂＊別冊週刊読売「秘録・栄光の翼」（第二次大戦の軍用機）読売新聞社
【資料提供】Militärgeschichtliches Forschungsamt ＊ルフトハンザ・ドイツ航空＊刈谷正意
【飛行機図版】鈴木幸雄＊小川利彦

本書は昭和五十四年三月、サンケイ出版社刊「フォッケウルフ戦闘機」に加筆、訂正しました。

ＮＦ文庫

フォッケウルフ戦闘機　新装版

二〇一九年三月二十二日　第一刷発行

著　者　鈴木五郎

発行者　皆川豪志

発行所　株式会社　潮書房光人新社

〒100-8077　東京都千代田区大手町一-七-二

電話／〇三-六二八一-九八九一代

印刷・製本　凸版印刷株式会社

定価はカバーに表示してあります
乱丁・落丁のものはお取りかえ
致します。本文は中性紙を使用

ISBN978-4-7698-3112-9　C0195

http://www.kojinsha.co.jp

NF文庫

刊行のことば

第二次世界大戦の戦火が熄んで五〇年——その間、小社は夥しい数の戦争の記録を渉猟し、発掘し、常に公正なる立場を貫いて書誌とし、大方の絶讃を博して今日に及ぶが、その源は、散華された世代への熱き思い入れであり、同時に、その記録を誌して平和の礎とし、後世に伝えんとするにある。

小社の出版物は、戦記、伝記、文学、エッセイ、写真集、その他、すでに一、〇〇〇点を越え、加えて戦後五〇年になんなんとするを契機として、「光人社NF（ノンフィクション）文庫」を創刊して、読者諸賢の熱烈要望におこたえする次第である。人生のバイブルとして、心弱きときの活性の糧として、散華の世代からの感動の肉声に、あなたもぜひ、耳を傾けて下さい。